제2판

집합론

SET THEORY

| 이선홍 지음 |

KM 경문사

머리말

이 책의 목적은 집합론의 기본적인 이론을 탐구함에 있다.

수학의 기본요소는 논리와 집합과 함수라고 할 수 있다. 현재 남아있는 가장 오래된 수학책인 유클리드의 "원론"에서부터 논리는 수학을 탐구하는 기본적인 법칙이다. 특히 공리론적 방법으로 수학을 탐구하는 방법은 다른 학문의 탐구에서도 매우 효과적인 방법일 것이다.

논리가 수학의 시초부터 같이 출발된 반면에, 18세기가 되어서야 가우스가 함수를 명확히 정의하고, 19세기 말이 되어서야 칸토어가 집합을 정의한다. 이를 바탕으로 20세기 초에 집합에 대한 공리론적 방법의 접근으로 수학의 기초적인 구성이 완성된다.

집합론은 수학의 기초를 제공한다. 수는 수학의 주 탐구대상이다. 가장 기본적인 수는 자연수이고, 자연수를 이용하여 정수를 정의할 수 있고, 정수를 이용하여 유리수를 정의할 수 있고, 마지막으로 실수와 복소수를 정의할 수 있다. 실수는 1차원 유클리드 공간인 수직선의 점으로 이해할 수 있으며, 다차원 유클리드 공간은 수직선의 다중 곱집합으로 이해할 수 있다. 공리론적 방법과 집합을 이용하여 자연수를 귀납적으로 정의할 수 있다. 다시 말하면 집합을 이용하여 수와 공간을 정의할 수 있다.

물건의 개수를 셈함은 가장 초보적인 수학 활동이다. 유한집합의 원소의 개수를 집합의 크기로 정의함이 물건의 개수 셈을 집합에 적용한 것이다. 칸토어는 일대일대응이란 개념을 도입하여 임의의 집합의 크기를 집합의 기수로 정의하고 기수들의 연산을 정의한다. 수의 순서 있는 나열을 정렬집합으로 이해할 수 있으며 정렬집합들의 나열된 위치를 정렬집합의 순서수로 정의할 수 있다.

이 책은 총 다섯 개의 장으로 구성된다.

제1장에서 명제와 집합을 다룬다. 명제와 그 연산을 통하여 논리 이론을 정리하고 집합과 그 연산을 정리한다. 명제 중에서 전칭명제와 존재명제인 한정명제는 집합에서 정의되며 매우 중요한 역할을 한다.

제2장에서 관계와 함수에 대하여 다룬다. 관계는 두 집합의 곱집합의 부분집합으로 정의된다. 함수는 관계 중에서 특정한 성질이 성립하는 것으로 정의된다. 자기관계 중에서 중요한 개념인 동치관계와 순서관계에 대하여 탐구한다.

제3장에서 공리론적 방법으로 집합을 구성하는 방법을 다룬다. 공리론적 방법으로 공집합의 존재성을 확인할 수 있으며, 공집합을 이용하여 자연수를 정의한다. 선택공리와 이와 논리적으로 동등한 정리들도 탐구한다.

제4장에서 무한집합에 대하여 다룬다. 일대일 대응을 이용하여 두 집합의 대등을 정의하고 무한집합의 성질을 탐구한다. 특히 번호 붙일 수 있는 집합과 셀 수 있는 집합을 탐구한다.

제5장에서 집합의 기수와 순서수를 다룬다. 물건의 개수 셈함을 확장하는 것으로 기수와 그 연산을 탐구한다. 또한 원소의 순서 있는 나열을 확장하는 것으로 정렬집합의 순서수를 정의하고 그 연산을 탐구한다.

끝으로, 이 책의 출판을 쾌히 승낙해주신 경문사에 감사드리며, 독자 여러분의 많은 관심과 조언을 기대한다.

2022년 7월
가좌캠퍼스에서 지은이 씀

제2판 추가글: 초판의 많은 오타를 바로잡고 여러 내용을 수정하여, 이 책의 완성도를 높였다.

2025년 8월
가좌캠퍼스에서 지은이 씀

차 례

제 1 장

명제와 집합

이 장에서는 논리와 집합에 대한 기본적인 내용을 다룬다. 집합과 논리는 수학을 구성하는 가장 기본적인 요소로서, 집합은 우리가 탐구하려는 대상이고 논리는 탐구의 법칙[1]이다. 논리의 역사는 기원전 300년경 고대 그리스에서 시작된 만큼 오래되지만 집합은 19세기 중반 체코의 수학자 볼차노에 의해 처음 정의된다.

[1]수학을 자연을 다루는 언어에 비유하면 논리는 그 언어의 문법이다.

1.1 명제와 집합의 정의

이 절에서는 명제와 집합을 정의한다.

참이거나 거짓이 분명한 문장이나 식을 **명제**라고 한다. 명제는 참이면서 동시에 거짓일 수는 없다. 명제의 **참**과 **거짓**을 그 명제의 **진릿값**이라고 하며 참을 T로 거짓을 F로 표시한다.[2]

새로운 용어를 정의하기 위해서는 기존에 알고 있는 용어를 사용하여야 한다. 기존의 용어를 정의할 때는 다른 기존의 용어를 사용하여야 하고, 그 다른 기존의 용어를 정의할 때는 또 다른 용어가 필요하다. 이렇게 계속 나아가면 결국에는 아무것도 정의할 수 없다. 따라서 가장 기본적이고 모두에게 명확한 몇 가지 용어는 이미 정의된 용어를 사용하여 정의하지 않을 필요가 있다. 이때의 몇 가지 용어를 **정의되지 않은 용어**라고 한다. 명제, 참, 거짓은 정의되지 않은 용어이다.

아래의 예제에서 실수와 변수 그리고 등식과 부등식이 나온다. 논리적으로 이것들은 앞서서 많은 기본적인 것들이 정의된 후에 나와야 되지만, 보통 이들의 정의가 널리 알려졌으므로 명제를 이해하기 위하여 아래의 예제에서 이들을 사용한다.

예제 1.1 다음이 명제인지를 판별하고 명제이면 진릿값을 구하라.

(가) $1+2=3$, (나) $x+3=4$,
(다) $3<1$, (라) $x<3$.

풀이. (가) 등식 $1+2=3$는 참인 명제이다.
(나) 방정식 $x+3=4$는 명제가 아니다.
(다) 부등식 $3<1$는 거짓인 명제이다.
(라) 부등식 $x<3$는 명제가 아니다. □

구성원이 명확한 모인 것을 **집합**이라고 하고, 그 구성원을 집합의 **원소**라고 한다. 보통 집합을 대문자 A, B, C 등으로 나타내고, 원소를 소문자 a, b, c 등으로 나타낸다. a가 A의 원소인 것을

$$a \in A$$

로 나타내고 'a가 A에 속한다'라고 읽고, 그렇지 않음을

$$a \notin A$$

[2]참에 해당하는 영어단어가 true이므로 참을 T로 나타내며, 거짓에 해당하는 영어단어가 false이므로 거짓을 F로 나타낸다.

로 나타내고 'a가 A에 속하지 않는다'라고 읽는다.

집합과 $\in$은 정의되지 않은 용어이다. $a \in A$에 나타난 a와 A는 모두 정의되지 않은 용어인 집합에 해당한다.[3] 이때 $a \in A$는 'a는 A의 원소이다'라는 두 집합 사이의 관계를 나타낸다.

보기 1.1 집합 $U = \{1, 2, 3\}$에 대하여, $2 \in U$는 참인 명제이지만 $4 \in U$는 거짓인 명제이다. 그리고 $x \in U$는 명제가 아니다.

집합 A의 원소가 $1, 2, 3$ 뿐일 때 집합 A를

$$A = \{1, 2, 3\}$$

로 나타낸다. 여기서 $\{1, 2, 3\}$과 같이 A의 원소를 나열하여 집합을 나타내는 방법을 **원소나열법**이라고 한다.

집합에 대한 이론을 전개할 때 일반적으로 고정된 커다란 집합의 원소로 한정한다. 이때 커다란 집합을 **전체집합**이라고 한다. 모든 정수의 집합, 모든 유리수의 집합 또는 모든 실수의 집합 등이 전체집합일 수 있다. 문맥상 전체집합이 명확할 때 전체집합을 특별히 나타내지 않기도 한다.

벤 도표를 이용하여 집합을 그림으로 나타낼 수 있다.[4] 그림 1.1에서와 같이 벤 도표에서 전체집합을 직사각형으로 나타내고 다른 집합을 직사각형 안에 놓인 원으로 나타낸다. 벤 도표에서 집합의 관계를 쉽게 파악할 수 있다.

보기 1.2 전체집합 $U = \{1, 2, 3, 4, 5\}$와 집합 $A = \{2, 3\}$를 그림 1.1에서와 같이 벤 도표로 나타낼 수 있다.

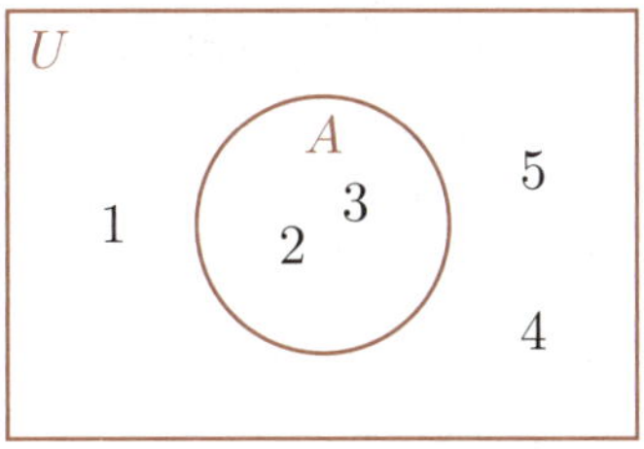

그림 1.1 벤 도표

[3]제3장 공리론적 집합 구성에서 원소가 집합인 것을 설명할 것이다.
[4]벤 도표를 **벤 다이어그램**이라고도 한다.

연습문제 1.1

1. 다음이 명제인지를 판별하고 명제이면 진릿값을 구하라.

(가) $3 < 2$,　　(나) $x + 1 < 3$,
(다) $2 + 3 = 5$,　　(라) $x + 2 = 3$,
(마) $3 + 4$,　　(바) $\{1, 2, 3\}$.

2. 집합 $U = \{1, 2, 3, 4\}$에 대하여, 다음이 명제인지를 판별하고 명제이면 진릿값을 구하라.

(가) $1 \in U$,　　(나) $5 \in U$,
(다) $x \in U$,　　(라) $2 + 2 = 3$.

3. 아래의 벤 도표에 대하여, 다음이 명제인지를 판별하고 명제이면 진릿값을 구하라.

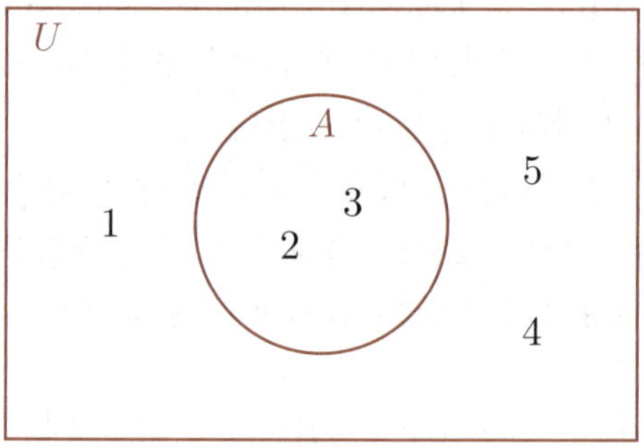

(가) $2 \in U$,　　(나) $3 \in A$,
(다) $x \in A$,　　(라) $x \in U$.

1.2 조건

이 절에서 조건을 정의하고 조건이 하는 중요한 역할인 조건제시법과 한정명제에 대하여 알아본다.

다음과 같이 조건을 정의한다.

정의 1.1: 조건

집합 A와 변수 x를 포함하는 문장이나 식 $p(x)$에 대하여, 변수 x에 집합 A의 임의의 원소 a가 대입될 때 $p(a)$가 항상 명제이면 $p(x)$는 A에서 x에 대한 **조건**이라고 한다.[a]

[a]조건을 **명제함수**라고도 한다.

예제 1.2 집합 $U = \{1, 2, 3\}$에서, $x < 2$는 집합 U에서 x에 대한 조건인 것을 증명하라.

풀이. $x < 2$에 x 대신에 U의 원소 $1, 2, 3$을 각각 대입하면 $x < 2$는 각각

$$1 < 2, \quad 2 < 2, \quad 3 < 2$$

이 되고 이들은 각각 참, 거짓, 거짓인 명제이다. 따라서, $x < 2$는 집합 U에서 x에 대한 명제이다. □

조건은 다음과 같이 매우 중요한 역할을 한다.

(가) 조건제시법: 조건을 이용하여 집합을 나타낼 수 있다.

(나) 한정명제: 논리에서 아주 중요한 명제인 전칭명제와 존재명제를 만든다.

이들에 대하여 알아보자.

1.2.1 조건제시법

전체집합 U에서 x에 대한 조건 $p(x)$에 대하여, $p(x)$가 참인 모든 원소의 집합 A를

$$A = \{x \in U \mid p(x)\}$$

로 나타낼 수 있다. 이와 같이 집합 A를 나타내는 방법을 집합 A에 대한 **조건제시법**이라고 한다.

정의 1.2: 공집합

원소를 아무 것도 갖지 않는 집합을 **공집합**이라 하고 $\emptyset$ 또는 $\{\}$로 나타낸다.

공집합을

$$\emptyset = \{x \in U \mid x \neq x\}$$

와 같이 조건제시법으로 나타낼 수 있다.

예제 1.3 전체집합이 모든 자연수의 집합 $\mathbb{N} = \{0, 1, 2, 3, \ldots\}$일 때, 집합 $A = \{3, 4, 5\}$를 조건제시법으로 나타내라.

풀이. 전체집합 $\mathbb{N}$에서 조건 $3 \leq x \leq 5$가 참인 원소는 $3, 4, 5$뿐이므로, 집합 A를

$$A = \{x \in \mathbb{N} \mid 3 \leq x \leq 5\}$$

와 같이 조건제시법으로 나타낼 수 있다. □

1.2.2 한정명제

조건을 사용하여 **한정명제**인 전칭명제와 존재명제를 만들 수 있다.

조건 $p(x)$에 대한 전칭명제는 다음과 같이 정의한다.

정의 1.3: 전칭명제

집합 A에서 x에 대한 조건 $p(x)$에 대하여, 명제

'모든 $x \in A$에 대해서 $p(x)$가 참이다'

는 **전칭명제**라고 하고

$$\forall x \in A,\ p(x)$$

로 나타낸다. 모든 원소 $x \in A$에 대하여 $p(x)$가 항상 참이면 전칭명제 $\forall x \in A,\ p(x)$는 참이고, 그렇지 않으면 전칭명제 $\forall x \in A,\ p(x)$는 거짓이다.

즉, $p(x)$가 거짓인 원소가 집합 A에 하나라도 존재하면 전칭명제 $\forall x \in A,\ p(x)$는 거짓이다.

예제 1.4 집합 $A = \{1, 2, 3\}$에 대하여, 다음 명제의 진릿값을 판별하라.

(가) $\forall x \in A,\ 0 < x$, (나) $\forall x \in A,\ 1 < x$.

풀이. (가) 집합 $A = \{1, 2, 3\}$에 대하여 명제 $0 < 1$, $0 < 2$, $0 < 3$는 모두 참이므로, 전칭명제 $\forall x \in A,\ 0 < x$는 참인 명제이다.

(나) 명제 $1 < 1$는 거짓이므로 전칭명제 $\forall x \in A,\ 1 < x$는 거짓이다. □

조건 $p(x)$에 대한 존재명제는 다음과 같이 정의한다.

정의 1.4: 존재명제

집합 A에서 x에 대한 조건 $p(x)$에 대하여, 명제

'$p(x)$가 참인 원소 x가 A에 존재한다'

는 **존재명제**라고 하고

$$\exists x \in A,\ p(x)$$

로 나타낸다. $p(x)$가 참인 원소 x가 A에 하나라도 존재하면 존재명제 $\exists x \in A,\ p(x)$는 참이고, 그렇지 않으면 존재명제 $\exists x \in A,\ p(x)$는 거짓이다.

즉, 모든 $x \in A$에 대해서 $p(x)$가 거짓이면 존재명제 $\exists x \in U,\ p(x)$는 거짓이다.

예제 1.5 집합 $A = \{1, 2, 3\}$에 대하여, 다음 명제의 진릿값을 판별하라.

(가) $\exists x \in A,\ 2 < x$, (나) $\exists x \in A,\ 3 < x$.

풀이. (가) 집합 $A = \{1, 2, 3\}$에서 명제 $2 < 3$가 참이므로, 존재명제 $\exists x \in A,\ 2 < x$는 참인 명제이다.

(나) A의 모든 원소에 대하여 $3 < x$는 거짓이므로, 존재명제 $\exists x \in A, 3 < x$는 거짓이다. □

보기 1.3 모든 자연수의 집합 $\mathbb{N}$의 원소 a와 b에 대하여, $\exists n \in \mathbb{N},\ b = an$이면 a는 b의 **약수**라고 한다.

예제 1.6 실수 전체의 집합 $\mathbb{R}$에 대하여, 다음 명제의 진릿값을 판별하라.

(가) $\forall x \in \mathbb{R}, (\exists y \in \mathbb{R}, x < y)$, (나) $\exists y \in \mathbb{R}, (\forall x \in \mathbb{R}, x < y)$.

풀이. (가) 집합 $\mathbb{R}$에서

$$\exists y \in \mathbb{R}, x < y$$

는 x에 대한 조건이다. 왜냐하면 임의의 실수 x에 대하여 $\exists y \in \mathbb{R}, x < y$는 (존재) 명제이기 때문이다. 임의의 실수 x에 대하여 x보다 큰 실수 y가 존재하므로 명제 $\forall x \in \mathbb{R}, (\exists y \in \mathbb{R}, x < y)$는 참이다.

(나) 모든 실수 x보다 큰 실수 y는 존재하지 않으므로 명제 $\exists y \in \mathbb{R}, (\forall x \in \mathbb{R}, x < y)$는 거짓이다. □

명제 $\forall x \in \mathbb{R}, (\exists y \in \mathbb{R}, x < y)$는 참이고 명제 $\exists y \in \mathbb{R}, (\forall x \in \mathbb{R}, x < y)$는 거짓이다. 따라서 명제 $\forall x \in \mathbb{R}, (\exists y \in \mathbb{R}, x < y)$에서와 같이 모든($\forall$)과 어떤($\exists$)이 연속하여 나오는 명제에서 이들의 순서를 함부로 바꾸면 안 된다.

연습문제 1.2

1. 집합 $A = \{1, 2, 3, 4\}$에 대하여, 다음이 A에서 x에 대한 조건인지 판별하라.

   (가) $x + 2$, (나) $x + 2 = 3$,

   (다) $x < 2$, (라) $x = 2$.

2. 모든 자연수의 집합 $\mathbb{N} = \{0, 1, 2, 3, \ldots\}$에 대하여, 집합 $A = \{2, 3, 4\}$를 조건제시법으로 나타내라.

3. 집합 $A = \{1, 2, 3, 4\}$에 대하여, 다음이 명제인지를 판별하고 명제이면 진릿값을 구하라.

   (가) $x + 2 < 5$, (나) $\exists x \in A,\ x + 1 = 4$,

   (다) $\forall x \in A,\ x < 2$, (라) $x + 3 = 5$.

4. 모든 정수의 집합 $\mathbb{Z}$에 대하여, 다음 한정명제의 진릿값을 구하라.

   (가) $\forall n \in \mathbb{Z},\ 0 < n^2$,

   (나) $\exists n \in \mathbb{Z},\ n^2 = 0$,

   (다) $\forall n \in \mathbb{Z},\ (\exists m \in \mathbb{Z},\ n < m < n^2)$,

   (라) $\exists n \in \mathbb{Z},\ (\forall m \in \mathbb{Z},\ n < m < n^2)$.

1.3 합성명제와 집합

이 절에서 여러 명제들을 이용하여 새로운 명제를 만드는 기본적인 방법에 대하여 알아본다. 또한 여러 집합들을 이용하여 새로운 집합을 정의할 수 있다.

1.3.1 명제의 부정과 여집합

명제 p의 부정에 대하여 알아보고 여집합을 정의하자.

명제 p에 대하여 p의 부정을 다음과 같이 정의한다.

정의 1.5: 명제의 부정

명제 p에 대하여, 명제

'p는 참이 아니다'

를 p의 **부정**이라고 하고, $\sim p$로 나타내며 'p가 아니다'라고 읽는다.

표 1.1에서 명제 $\sim p$의 진릿값을 볼 수 있다.

p	$\sim p$
T	F
F	T

표 1.1 명제의 부정에 대한 진리표

보기 1.4 명제 $1 < 2$는 참이므로 이것의 부정 $\sim (1 < 2)$는 거짓이다. 이때 $\sim (1 < 2)$의 진릿값은 $1 \geq 2$의 진릿값과 같다.

명제 p의 부정 $\sim p$가 명제인 것과 같이, 집합 A에서 조건 $p(x)$의 부정 $\sim p(x)$는 집합 A에서 x에 대한 조건이다.

보기 1.5 집합 $A = \{1, 2, 3, 4\}$에서 조건 $2 < x$의 부정 $\sim (2 < x)$는 조건이다. 조건 $\sim (2 < x)$는 조건 $2 \geq x$와 논리적으로 같다.

전칭명제와 존재명제의 부정에 대하여 생각해 보자. 전칭명제 $\forall x \in A, p(x)$의 부정 $\sim (\forall x \in A, p(x))$의 진릿값은 존재명제 $\exists x \in A, \sim p(x)$의 진릿값과 같다.

왜냐하면, $\forall x \in A,\ p(x)$가 참이면 $\exists x \in A,\ \sim p(x)$는 거짓이고, $\forall x \in A,\ p(x)$가 거짓이면 $\exists x \in A, \sim p(x)$는 참이기 때문이다. 같은 이유로, 존재명제 $\exists x \in A, p(x)$의 부정 $\sim (\exists x \in A, p(x))$의 진릿값은 전칭명제 $\forall x \in A, \sim p(x)$의 진릿값과 같다.

보기 1.6 모든 실수의 집합 $\mathbb{R}$에서 전칭명제 $\forall x \in \mathbb{R}, 0 \le x^2$는 참이다. 이 명제의 부정 $\sim (\forall x \in \mathbb{R},\ 0 \le x^2)$의 진릿값은 존재명제 $\exists x \in \mathbb{R},\ 0 > x^2$의 진릿값과 같고 이때 진릿값은 거짓이다.

공집합에 대한 전칭명제는 항상 참으로 인정한다.

정리 1.1: 공집합에서 전칭명제

전체집합 U에서 조건 $p(x)$에 대하여, 전칭명제 $\forall x \in \emptyset, p(x)$는 참이다.

증명. 공집합에는 원소가 존재하지 않기 때문에 존재명제 $\exists x \in \emptyset, \sim p(x)$는 거짓이다. 그런데, 이 명제의 진릿값은 전칭명제 $\forall x \in \emptyset, p(x)$의 부정 $\sim (\forall x \in \emptyset, p(x))$의 진릿값과 같다. 따라서 전칭명제 $\forall x \in \emptyset, p(x)$는 참이다. □

주어진 집합에 속하지 않는 모든 원소의 집합을 다음과 같이 정의한다.

정의 1.6: 여집합

전체집합 U와 집합 A에 대하여, 집합

$$\{x \in U \mid x \notin A\}$$

를 A의 **여집합**이라고 하고 A^c로 나타낸다.

그림 1.2에서와 같이 여집합 A^c을 벤 도표로 나타낼 수 있다. 만약 $A = \{x \in U \mid p(x)\}$이면

$$A^c = \{x \in U \mid \sim p(x)\}$$

이다.

보기 1.7 전체집합 $U = \{1, 2, 3, 4, 5\}$와 집합 $A = \{1, 3, 5\}$에 대하여, 집합 A의 여집합은 $A^c = \{2, 4\}$이다.

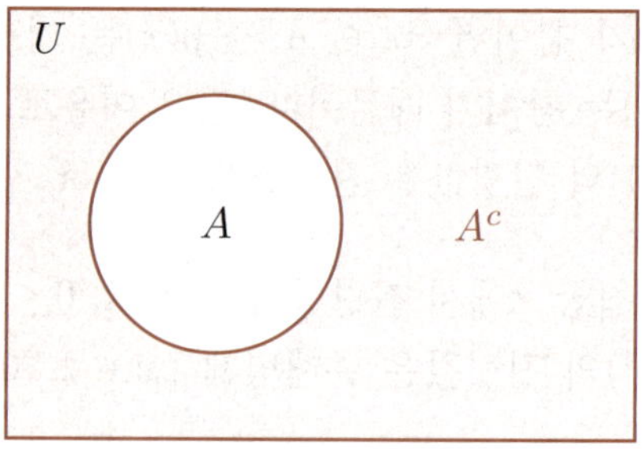

그림 1.2 여집합

1.3.2 논리합과 합집합

논리합과 합집합에 대하여 알아보자.

논리합을 다음과 같이 정의한다.

정의 1.7: 논리합

명제 p와 q에 대하여, 새로운 명제

'p가 참이거나 q가 참이다'

를 p와 q의 **논리합**이라고 하고 $p \vee q$로 나타내며 'p 또는 q'라고 읽는다.

표 1.2에서 논리합 $p \vee q$의 진릿값을 볼 수 있다.

p	q	$p \vee q$
T	T	T
T	F	T
F	T	T
F	F	F

표 1.2 논리합에 대한 진리표

일상생활에서 '또는'이란 연결자를

영희는 커피를 마시거나 또는 녹차를 마신다

와 같이 사용한 경우에 영희는 커피를 마시거나 또는 영희가 녹차를 마심을 나타내지만 보통 커피를 마시고 그리고 동시에 녹차를 마시는 경우를 나타내지는 않는다.

그러나 논리에서 쓰이는 '또는'에는 이 연결자 앞과 뒤 경우가 동시에 일어나는 경우도 포함한다. 그러므로 p와 q가 동시에 참인 경우에도 명제 $p \vee q$는 참이다.

보기 1.8 명제 $1 < 2$가 참이고 $2 < 3$도 참이므로 이들 논리합 $(1 < 2) \vee (2 < 3)$는 참이다.

논리합을 이용하여 합집합을 다음과 같이 정의한다.

정의 1.8: 합집합

전체집합 U와 집합 A, B에 대하여, 집합

$$\{x \in U \mid x \in A \vee x \in B\}$$

를 A와 B의 **합집합**이라고 하며 $A \cup B$로 나타낸다.

만약 $A = \{x \in U \mid p(x)\}$이고 $B = \{x \in U \mid q(x)\}$이면

$$A \cup B = \{x \in U \mid p(x) \vee q(x)\}$$

이다.

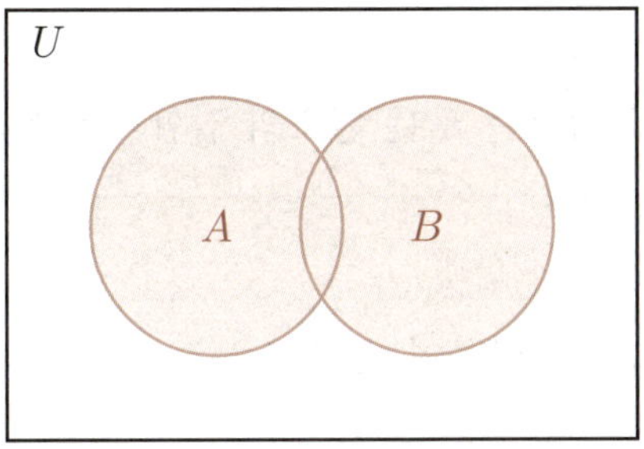

그림 1.3 합집합

그림 1.3에서 합집합 $A \cup B$에 대한 벤 도표을 볼 수 있다.

보기 1.9 전체집합 $U = \{1, 2, 3, 4, 5, 6\}$에 대하여, $A = \{2, 3, 4\}$이고 $B = \{4, 5\}$일 때 $A \cup B = \{2, 3, 4, 5\}$이다.

1.3.3 논리곱과 교집합

논리곱과 교집합에 대하여 알아보자. 먼저 논리곱을 정의하자.

정의 1.9: 논리곱

명제 p와 q에 대하여, 명제

'p가 참이고 q가 참이다'

를 p와 q의 **논리곱**이라고 하고 $p \wedge q$로 나타내며 'p 그리고 q'라고 읽는다.

p	q	$p \wedge q$
T	T	T
T	F	F
F	T	F
F	F	F

표 1.3 논리곱에 대한 진리표

보기 1.10 명제 $0 < 1$은 참이고 $3 < 2$는 거짓이므로 명제 $0 < 1 \wedge 3 < 2$는 거짓이다.

두 집합에 공통적으로 속하는 모든 원소의 집합을 다음과 같이 정의한다.

정의 1.10: 교집합

전체집합 U와 집합 A, B에 대하여, 집합

$$\{x \in U \mid x \in A \wedge x \in B\}$$

를 집합 A와 B의 **교집합**이라고 하며 $A \cap B$로 나타낸다.

논리곱은 교집합을 나타낼 때 다음과 같이 쓰인다. 만약 $A = \{x \in U \mid p(x)\}$이고 $B = \{x \in U \mid q(x)\}$이면

$$A \cap B = \{x \in U \mid p(x) \wedge q(x)\}$$

이다.

교집합 $A \cap B$를 그림 1.4에서와 같이 벤 도표로 나타낼 수 있다.

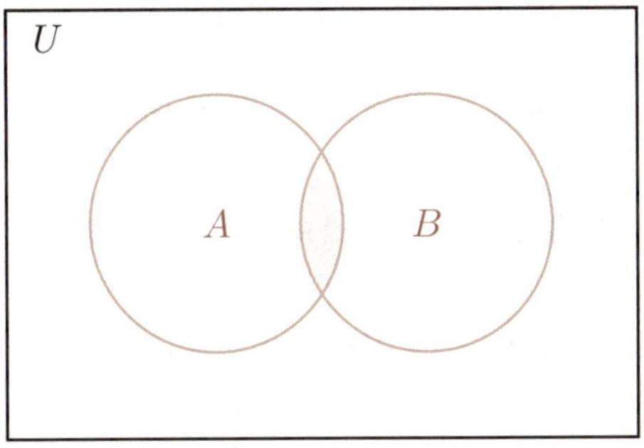

그림 1.4 교집합

예제 1.7 전체집합 $U = \{1, 2, 3, 4\}$에서 $A = \{1, 2\}$이고 $B = \{2, 3\}$일 때,

$$A \cup B, \qquad A \cap B, \qquad A^c, \qquad B^c$$

를 구하라.

풀이. $A \cup B = \{1, 2, 3\}$, $A \cap B = \{2\}$, $A^c = \{3, 4\}$, $B^c = \{1, 4\}$. □

예제 1.8 모든 실수의 집합 $\mathbb{R}$에서

$$A = \{x \in \mathbb{R} \mid -3 < x \le 4\}, \qquad B = \{x \in \mathbb{R} \mid 0 \le x < 6\}$$

일 때, $A \cup B$와 $A \cap B$를 구하라.

풀이. $A \cup B = \{x \in \mathbb{R} \mid -3 < x < 6\}$, $A \cap B = \{x \in \mathbb{R} \mid 0 \le x \le 4\}$. □

정의 1.11: 서로소

집합 A와 B에 대하여, $A \cap B = \emptyset$이면 A와 B는 **서로소**라고 한다.

보기 1.11 전체집합 $U = \{1, 2, 3, 4\}$에서 $A = \{1, 2\}$이고 $B = \{3\}$일 때, $A \cap B = \emptyset$이므로 A와 B는 서로소이다.

집합 U의 원소의 개수가 유한할 때 즉 $U = \{a_1, a_2, \ldots, a_n\}$일 때, 한정명제를 논리합과 논리곱을 이용하여 나타낼 수 있다. 즉, $p(x)$가 집합 U에서 x에 대한 조건이면, 전칭명제 $\forall x \in U,\ p(x)$의 진릿값은 명제

$$p(a_1) \wedge p(a_2) \wedge \cdots \wedge p(a_n)$$

의 진릿값과 같고, 존재명제 $\exists x \in U,\ p(x)$의 진릿값은 명제

$$p(a_1) \vee p(a_2) \vee \cdots \vee p(a_n)$$

의 진릿값과 같다.

보기 1.12 전체집합 $U = \{1, 2, 3, 4\}$에서, 전칭명제 $\forall x \in U, 0 < x$의 진릿값은

$$(0 < 1) \wedge (0 < 2) \wedge (0 < 3) \wedge (0 < 4)$$

의 진릿값과 같다. 이때 진릿값은 참이다. 그리고 존재명제 $\exists x \in U, 4 < x$의 진릿값은

$$(4 < 1) \vee (4 < 2) \vee (4 < 3) \vee (4 < 4)$$

의 진릿값과 같다. 이때 진릿값은 거짓이다.

연습문제 1.3

1. 다음 명제의 진리표를 구하라.

   (가) $(\sim p) \vee q$, (나) $p \wedge (\sim q)$,
   (다) $\sim (p \wedge q)$, (라) $(\sim p) \vee (\sim q)$.

2. 전체집합 $U = \{1, 2, 3, 4, 5, 6, 7, 8, 9, 10\}$와 부분집합

$$A = \{1, 5, 9\}, \quad B = \{3, 5, 7, 9\}, \quad C = \{2, 4, 6, 8\}$$

   에 대하여, 다음 집합을 구하라.

   (가) $A \cap B$, (나) $A \cup B$,
   (다) $A - B$, (라) $B \cap C$,
   (마) $A \cap C^c$, (바) $(B \cup C)^c$.

3. 전체집합 $U = \{x \mid x$는 0보다 크고 10 이하의 정수$\}$와 부분집합

$$A = \{x \in U \mid x\text{는 3의 배수}\},$$
$$B = \{x \in U \mid x\text{는 5의 배수}\},$$
$$C = \{x \in U \mid x\text{는 소수}\}$$

   에 대하여, 다음 집합을 구하라.

   (가) B^c, (나) $A \cup B$,
   (다) $A - B$, (라) $B \cap C$,
   (마) $A \cap C^c$, (바) $(B \cup C)^c$.

1.4 부분집합과 조건문

이 절에서 부분집합과 조건문에 대하여 알아본다.

1.4.1 차집합과 부분집합

먼저 다음과 같이 차집합을 정의한다.

정의 1.12: 차집합

전체집합 U와 집합 A, B에 대하여, 집합

$$\{x \in U \mid x \in A \wedge x \notin B\}$$

를 집합 A에 대한 B의 **차집합**이라고 하며 $A - B$로 나타내고 'A 빼기 B'라고 읽는다.

만약 $A = \{x \in U \mid p(x)\}$이고 $B = \{x \in U \mid q(x)\}$이면

$$A - B = \{x \in U \mid p(x) \wedge (\sim q(x))\}$$

이다. 그림 1.5에서와 같이 벤 도표을 이용하여 차집합 $A - B$를 나타낼 수 있다.

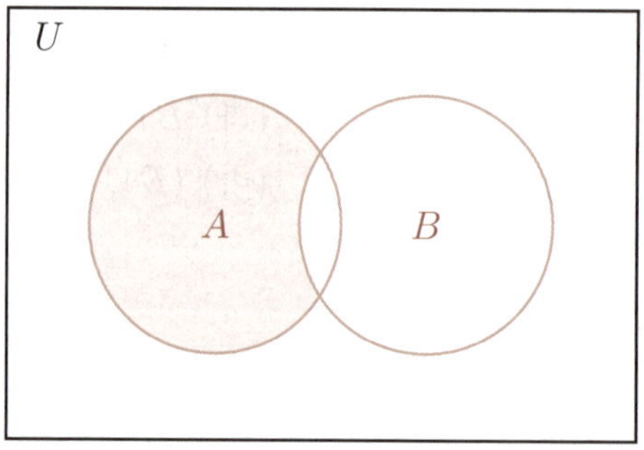

그림 1.5 차집합

예제 1.9 전체집합 $U = \{1, 2, 3, 4, 5, 6\}$와 $A = \{2, 3, 4\}$, $B = \{4, 5, 6\}$에 대하여, $A - B$를 구하라.

풀이. $A - B = \{2, 3\}$. □

전체집합 U는 쌍마다 서로소인 네 개의 집합

$$\begin{aligned} A - B &= \{x \in U \mid p(x) \wedge (\sim q(x))\}, \\ A \cap B &= \{x \in U \mid p(x) \wedge q(x)\}, \\ B - A &= \{x \in U \mid (\sim p(x)) \wedge q(x)\}, \\ A^c \cap B^c &= \{x \in U \mid (\sim p(x)) \wedge (\sim q(x))\} \end{aligned}$$

의 합집합이다.

부분집합을 다음과 같이 정의한다.

정의 1.13: 부분집합

집합 A와 B에 대하여, $A - B = \emptyset$이면 A는 B의 **부분집합**이라고 하고

$$A \subseteq B$$

로 나타낸다.

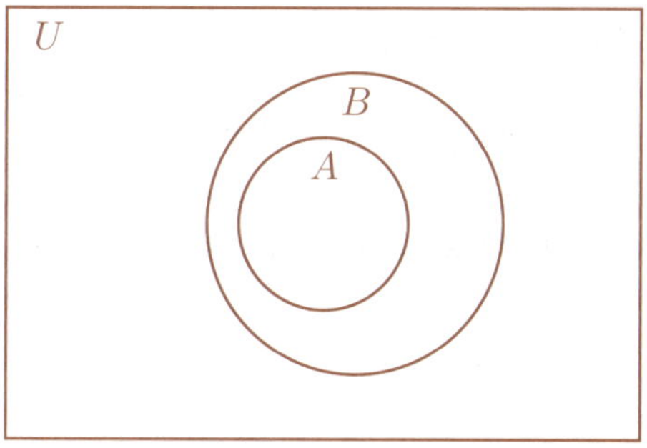

그림 1.6 부분집합

보통 A의 모든 원소가 B에 속하면 A는 B의 부분집합이라고 정의하는 경우가 많다. 이것이 앞의 정의와 같음을 확인하여 보자. 집합 A는 서로소인 두 집합 $A-B$와 $A \cap B$의 합집합이다. 즉,

$$A = (A - B) \cup (A \cap B), \qquad (A - B) \cap (A \cap B) = \emptyset$$

이다. 따라서 $A \subseteq B$의 진릿값은 $A = A \cap B$의 진릿값과 같다. 다시 말하면, 명제 '$A \subseteq B$'의 진릿값은 명제 'A의 모든 원소가 B에 속하다'의 진릿값과 같다. $A \subseteq B$을 그림 1.6에서와 같이 나타낼 수 있다.

집합의 같음과 진부분집합을 다음과 같이 정의한다.

정의 1.14: 집합의 같음과 진부분집합

집합 A와 B에 대하여, $A \subseteq B \ \wedge \ B \subseteq A$이면 집합 A와 B는 **같다**라고 하며

$$A = B$$

로 나타낸다. $A \subseteq B$이면서 $A \neq B$이면 A는 B의 **진부분집합**이라고 하고

$$A \subset B$$

로 나타낸다.

예제 1.10 모든 자연수의 집합 $\mathbb{N}$에 대하여,

$$A = \{1, 2, 3\}, \quad B = \{n \in \mathbb{N} \,|\, 1 < n < 4\}, \quad C = \{n \in \mathbb{N} \,|\, n\text{은 } 12\text{의 약수이다}\}$$

일 때 집합 A와 B와 C의 관계를 구하라.

풀이. 집합 B와 C를 원소나열법으로 나타내면

$$B = \{1, 2, 3\}, \quad C = \{1, 2, 3, 4, 6, 12\}$$

이므로, $A = B$, $A \subset C$, $B \subset C$이다. □

집합에 대하여, 이 집합의 부분집합들이 원소인 집합을 다음과 같이 정의한다.

정의 1.15: 멱집합

집합 A에 대하여, A의 모든 부분집합이 원소인 집합을 A의 **멱집합**이라고 하고 $\mathscr{P}(A)$로 나타낸다.

보기 1.13 공집합 $\emptyset$에 대하여, 공집합이 공집합의 유일한 부분집합이므로

$$\mathscr{P}(\emptyset) = \{\emptyset\}$$

이다.

보기 1.14 집합 $A = \{1, 2\}$에 대하여 A의 멱집합은

$$\mathscr{P}(A) = \{\emptyset, \{1\}, \{2\}, \{1, 2\}\}$$

이다.

멱집합이란 용어는 다음과 같이 멱집합 원소의 개수에서 유래한다.

정리 1.2: 유한집합 멱집합의 원소 개수

집합 A와 0보다 크거나 같은 정수 n에 대하여, A의 원소의 개수가 n이면 멱집합 $\mathscr{P}(A)$의 원소의 개수는 2^n이다.

증명. $n = 0$이라고 가정하자. 그러면 A의 원소의 개수가 0이므로 $A = \emptyset$이다. 이때 $\mathscr{P}(\emptyset) = \{\emptyset\}$이므로 $1 = 2^0$이 $\mathscr{P}(A)$의 원소의 개수이다.

n이 양의 정수라고 가정하자. A의 부분집합 중에서 원소의 개수가 0인 부분집합은 공집합이 유일하므로 이런 부분집합의 개수는 $1 = C(n, 0)$이다.[5] $1 \le k \le n$인 자연수 k에 대하여, A의 부분집합 중에서 원소의 개수가 k인 부분집합의 개수는 $C(n, k)$개이다. 따라서 A의 모든 부분집합의 개수는

$$C(n, 0) + C(n, 1) + C(n, 2) + \cdots + C(n, n)$$

이다. 이항정리에 따라서

$$C(n, 0) + C(n, 1) + C(n, 2) + \cdots + C(n, n) = (1 + 1)^n = 2^n$$

[5] 서로 다른 n개의 물건 중에서 r개의 물건을 뽑는 방법의 수를 $C(n, r)$로 나타낸다. 만약 서로 다른 3개의 원소 a_1, a_2, a_3 중에서 2개를 뽑는 방법은

$$\{a_1, a_2\}, \quad \{a_1, a_3\}, \quad \{a_2, a_3\}$$

이므로 $C(3, 2) = 3$이다. 일반적으로

$$C(n, r) = \frac{n!}{r!(n-r)!}$$

이다.

이므로 $\mathscr{P}(A)$의 원소의 개수는 2^n이다.[6] □

1.4.2 조건문

다음 명제의 진릿값은 모두 같다.

(가) $A \subseteq B$,

(나) $\forall x \in U,\ \sim (p(x) \wedge (\sim q(x)))$,

(다) $\forall x \in U,\ (\sim p(x)) \vee q(x)$,

(라) $\forall x \in U,\ (p(x) \wedge q(x)) \vee ((\sim p(x)) \wedge q(x)) \vee ((\sim p(x)) \wedge (\sim q(x)))$.

위의 식을 간단히 나타내기 위하여 다음을 정의한다.

정의 1.16: 조건문

명제 p와 q에 대하여, 새로운 명제 $(\sim p) \vee q$를 p와 q의 **조건문**이라고 하고

$$p \rightarrow q$$

로 나타내며 'p이면 q이다'라고 읽는다.

p	q	$p \rightarrow q$
T	T	T
T	F	F
F	T	T
F	F	T

표 1.4 조건문의 진리표

[6]이항정리: 실수 a, b와 자연수 n에 대하여

$$(a+b)^n = C(n,0)a^nb^0 + C(n,1)a^{n-1}b^1 + \cdots + C(n,n-1)a^1b^{n-1} + C(n,n)a^0b^n$$

이다. 이때 $a = b = 1$이면

$$2^n = C(n,0) + C(n,1) + C(n,2) + \cdots + C(n,n-1) + C(n,n)$$

이다.

표 1.4에서와 같이 조건문 $p \to q$의 진리표를 나타낼 수 있다. 따라서 명제 $A \subseteq B$의 진릿값은 전칭명제

$$\forall x \in U,\ x \in A \to x \in B$$

의 진릿값과 같다.

예제 1.11 집합 $U = \{1, 2, 3, 4\}$에 대하여, 다음 물음에 답하라.

(가) 집합 $A = \{x \in U \mid 1 < x\}$를 원소나열법으로 나타내라.

(나) 집합 $B = \{x \in U \mid 2 < x\}$를 원소나열법으로 나타내라.

(다) 명제 $\forall x \in U,\ 1 < x \to 2 < x$의 진릿값을 구하라.

풀이. (가) $A = \{2, 3, 4\}$. (나) $B = \{3, 4\}$.

(다) $x = 2$일 때, $1 < 2$는 참이지만 $2 < 2$는 거짓이므로 $1 < 2 \to 2 < 2$는 거짓이다. 따라서 $\forall x \in U,\ 1 < x \to 2 < x$는 거짓이다. □

조건문 $p \to q$에 대하여, 논리에 많이 등장하는 다음을 정의하자.

정의 1.17: 조건문의 역과 대우

명제 p와 q에 대한 조건문 $p \to q$에 대하여, 조건문 $q \to p$를 $p \to q$의 **역**이라고 하고 조건문 $(\sim q) \to (\sim p)$를 $p \to q$의 **대우**라고 한다.

정의 1.18: 쌍조건문

명제 p와 q에 대하여, 합성명제 $(p \to q) \wedge (q \to p)$를 간단히

$$p \leftrightarrow q$$

로 나타내고 p와 q의 **쌍조건문**이라고 하며 'p이면 그리고 이 경우에만 q이다'라고 읽는다.

지금까지 나왔던 합성명제들을 정리하면 표 1.5에서와 같다.

합성명제	이름	읽기
$\sim p$	p의 부정	p가 아니다
$p \vee q$	p와 q의 논리합	p 또는 q
$p \wedge q$	p와 q의 논리곱	p 그리고 q
$p \to q$	p와 q의 조건문	p이면 q이다
$p \leftrightarrow q$	p와 q의 쌍조건문	p이면 그리고 이 경우에만 q이다

표 1.5 합성명제

1.4.3 필요조건과 충분조건

집합에 정의된 두 조건 사이에 충분조건, 필요조건, 필요충분조건을 다음과 같이 정의한다.

정의 1.19: 충분조건과 필요조건

집합 U에서 x에 대한 조건 $p(x)$와 $q(x)$에 대하여, $\forall x \in U,\ p(x) \to q(x)$이면

'U에서 $p(x)$는 $q(x)$이기 위한 **충분조건**이다'

라고 하고

'U에서 $q(x)$는 $p(x)$이기 위한 **필요조건**이다'

라고 한다.

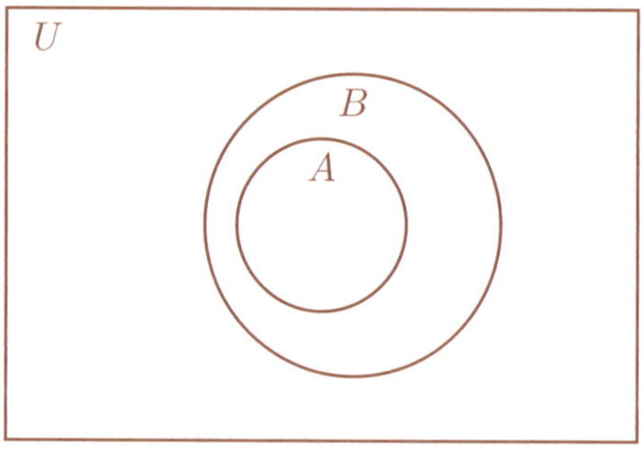

그림 1.7 $A \subseteq B$

전칭명제 $\forall x \in U,\ p(x) \to q(x)$에 대하여

$$A = \{x \in U \mid p(x)\}, \qquad B = \{x \in U \mid q(x)\}$$

로 놓자. 전칭명제 $\forall x \in U,\ p(x) \to q(x)$가 참이라고 즉, $A \subseteq B$라고 가정하자. 만약 원소 $a \in U$에 대하여 $p(a)$가 참이면 위의 전칭명제가 참이므로 $q(a)$는 참이다. 다시 말하면 조건 $p(x)$가 참이 되는 U의 원소에 대하여 $q(x)$가 자동적으로 참이 되므로 $p(x)$는 $q(x)$이기 위한 충분조건이라고 한다. 만약 원소 $a \in U$에 대하여 $q(a)$가 거짓이면 위의 전칭명제가 참이므로 $p(a)$는 거짓이다. 다시 말하면 조건 $q(x)$가 거짓인 U의 원소에 대하여 $p(x)$가 자동적으로 거짓이므로 $q(x)$는 $p(x)$이기 위한 필요조건이라고 한다.

보기 1.15 실수 전체의 집합 $\mathbb{R}$에 대하여, $\forall x \in \mathbb{R},\ 2 < x \to 0 < x$이므로 $\mathbb{R}$에서 $2 < x$는 $0 < x$이기 위한 충분조건이다. 그런데 $0 < 1$이지만 $2 < 1$은 아니기 때문에 $\forall x \in \mathbb{R},\ 0 < x \to 2 < x$은 거짓인 명제이다. 따라서

'$\mathbb{R}$에서 $0 < x$는 $2 < x$이기 위한 충분조건이다'

는 거짓인 명제이다.[7]

정의 1.20: 필요충분조건

집합 U에서 x에 대한 조건 $p(x)$와 $q(x)$에 대하여, $\forall x \in U,\ p(x) \leftrightarrow q(x)$이면

'$p(x)$는 $q(x)$이기 위한 **필요충분조건**이다'

라고 한다.

전칭명제 $\forall x \in U, p(x) \leftrightarrow q(x)$의 진릿값은

$$\forall x \in U,\ (p(x) \to q(x)) \wedge (q(x) \to p(x))$$

의 진릿값과 같기 때문에 전칭명제 $\forall x \in U, p(x) \leftrightarrow q(x)$를

[7] 고등학교 교과서 등에서 $\forall x \in U,\ p(x) \to q(x)$가 참일 때 U에서 $p(x)$는 $q(x)$이기 위한 충분조건이라고 정의하는데 이것은 잘못된 정의이다. 이런 정의에서는 '$\mathbb{R}$에서 $0 < x$는 $2 < x$이기 위한 충분조건이다'와 같은 거짓인 명제에서 충본조건 자체가 정의되지 않기 때문에 이런 문장을 쓸 수 없다. 그렇지만 이런 문장도 쓸 수 있어야 하기 때문에 이런 정의 자체가 잘못됨을 알 수 있다.

'모든 $x \in U$에 대하여, $p(x)$이면 $q(x)$이고 $q(x)$이면 $p(x)$이다'

라고 읽을 수 있다. 그런데 일반적으로 이 전칭명제를

'모든 $x \in U$에 대하여, $p(x)$이면 그리고 이 경우에만 $q(x)$이다'

라고 읽는다. 여기서 $A = \{x \in U \mid p(x)\}$, $B = \{x \in U \mid q(x)\}$일 때 $B \subseteq A$을

'모든 $x \in U$에 대하여, $q(x)$이면 $p(x)$이다'

라고 읽지 않고

'모든 $x \in U$에 대하여, $p(x)$인 경우에만 $q(x)$이다'

라고 읽은 것이다. 그런데 위의 두 경우 모두 $B - A = \emptyset$을 나타내므로 두 경우가 같은 의미를 나타냄을 알 수 있다. 따라서 전칭명제 $\forall x \in U, p(x) \leftrightarrow q(x)$를

'모든 $x \in U$에 대하여, $p(x)$이면 $q(x)$이고 $q(x)$이면 $p(x)$이다'

라고 읽는 대신에

'모든 $x \in U$에 대하여, $p(x)$이면 $q(x)$이고 $p(x)$일 경우에만 $q(x)$이다'

로 읽을 수 있고 이를 간단히

'모든 $x \in U$에 대하여, $p(x)$이면 그리고 이 경우에만 $q(x)$이다'

라고 읽는다.

예제 1.12 모든 자연수의 집합 $\mathbb{N} = \{0, 1, 2, 3, \ldots\}$에서, 조건 $x > 10$, $x > 5$, $x \geq 6$의 관계를 구하라.

풀이. 조건 $x > 10$와 $x > 5$에 대하여, $\forall n \in \mathbb{N}, x > 10 \to x > 5$이므로 $x > 10$은 $x > 5$이기 위한 충분조건이며 $x > 5$는 $x > 10$이기 위한 필요조건이다.

조건 $x > 10$와 $x \geq 6$에 대하여, $\forall n \in \mathbb{N}, x > 10 \to x \geq 6$이므로 $x > 10$은 $x \geq 6$이기 위한 충분조건이며 $x \geq 6$는 $x > 10$이기 위한 필요조건이다.

조건 $x > 5$와 $x \geq 6$에 대하여, $\forall \in \mathbb{N}, x \geq 6 \leftrightarrow x > 5$이므로 $x \geq 6$은 $x > 5$이기 위한 필요충분조건이다. □

연습문제 1.4

1. 집합 $A = \{1, 2\}$, $B = \{2, 3, 4\}$, $C = \{2, 4, 5\}$에 대하여, 다음이 명제인지를 판별하고 명제인 경우 진릿값을 구하라.

   (가) $A \subset C$, (나) $A \cup B$,
   (다) $A \cap B \subset B \cap C$, (라) $A \cup B \subset B \cup C$.

2. 집합 $A = \{1, 2, 3, 4, 5, 6\}$에 대하여, 원소 $1, 2, 3$을 포함하는 A의 부분집합을 모두 구하라.

3. 집합 A와 B에 대하여, 다음이 성립한다는 것을 증명하라.

   (가) $A \cap B = A$이면 $A \subset B$이다.

   (나) $A \subset B$이면 $A \cup B = B$이다.

4. 다음 명제의 진리표를 구하라.

   (가) $\sim (p \to q)$, (나) $(\sim p) \to (\sim q)$.

5. 모든 실수의 집합 $\mathbb{R}$에서 조건 $x = y$는 $2x = 2y$이기 위한 어떤 조건인가?

6. 모든 자연수의 집합 $\mathbb{N}$에서, n이 15의 약수임은 n이 5의 약수이기 위한 어떤 조건인가?

1.5 논리식

명제가 대입될 수 있는 변수 x는 **명제변수**라고 한다.[8] 명제 p, q 등과 명제변수 x, y 등 그리고 논리연결자 $\sim, \vee, \wedge, \rightarrow$와 괄호 (,) 등을 규칙에 맞게 쓴

$$(p \wedge (\sim x)) \vee (y \wedge (\sim q))$$

와 같은 식을 **논리식**이라고 한다.[9] 즉, 논리식은 유한개의 명제와 유한개의 명제변수와 그리고 논리연결자와 (,) 등을 규칙에 맞게 쓴 식이다.

1.5.1 논리적으로 동치인 논리식

명제변수에 임의의 명제가 대입될 때 진리값이 항상 같은 두 논리식을 다음과 같이 나타낸다.

정의 1.21: 논리적으로 동치인 논리식

논리식 P와 Q에 대하여, 여기에 포함된 명제변수에 임의의 명제가 대입될 때 P와 Q의 진리값이 항상 같으면 논리식 P와 Q는 **논리적으로 동치**라고 하고

$$P \equiv Q$$

로 나타낸다.

앞으로 명제와 명제변수의 구별이 명확할 때 명제변수도 x, y 대신에 p, q 등을 사용한다.

정리 1.3: 멱등법칙

명제변수 p에 대하여,

$$p \wedge p \equiv p, \qquad p \vee p \equiv p$$

이다.

[8]명제와 명제변수는 분명 다르다. 명제변수는 명제를 담을 수 있는 그릇이라고 생각할 수 있다.
[9]명제변수를 포함하는 식은 명제가 아니라는 관점에서 논리식이라는 용어를 정의한다.

증명. 진리표

p	$p \wedge p$	$p \vee p$
T	T	T
F	F	F

에 따라서 $p \wedge p \equiv p$이고 $p \vee p \equiv p$이다. □

명제의 부정과 관련하여 다음에서 논리적으로 동치인 논리식을 알 수 있다.

정리 1.4: 명제의 부정에 대하여 논리적으로 동치인 논리식

명제변수 p와 q에 대하여,

(가) (이중부정법칙) $p \equiv \sim(\sim p)$,

(나) (드 모르간 법칙) $\sim(p \vee q) \equiv (\sim p) \wedge (\sim q)$, $\sim(p \wedge q) \equiv (\sim p) \vee (\sim q)$

이다.

증명.

(가) 진리표

p	$\sim p$	$\sim(\sim p)$
T	F	T
F	T	F

에 따라서 $p \equiv \sim(\sim p)$이다.

(나) 진리표

p	q	$p \vee q$	$\sim(p \vee q)$	$\sim p$	$\sim q$	$(\sim p) \wedge (\sim q)$
T	T	T	F	F	F	F
T	F	T	F	F	T	F
F	T	T	F	T	F	F
F	F	F	T	T	T	T

에 따라서 $\sim(p \vee q) \equiv (\sim p) \wedge (\sim q)$이다.

진리표

p	q	$p \wedge q$	$\sim (p \wedge q)$	$\sim p$	$\sim q$	$(\sim p) \vee (\sim q)$
T	T	T	F	F	F	F
T	F	F	T	F	T	T
F	T	F	T	T	F	T
F	F	F	T	T	T	T

에 따라서 $\sim (p \wedge q) \equiv (\sim p) \vee (\sim q)$이다. □

논리합과 논리곱에 대하여, 다음이 성립한다.

정리 1.5: 논리합과 논리곱에 대한 결합법칙과 교환법칙과 분배법칙

명제변수 p, q, r에 대하여,

(가) (결합법칙) $(p \vee q) \vee r \equiv p \vee (q \vee r)$, $(p \wedge q) \wedge r \equiv p \wedge (q \wedge r)$;

(나) (교환법칙) $p \vee q \equiv q \vee p$, $p \wedge q \equiv q \wedge p$;

(다) (분배법칙) $p \vee (q \wedge r) \equiv (p \vee q) \wedge (p \vee r)$, $p \wedge (q \vee r) \equiv (p \wedge q) \vee (p \wedge r)$

이다.

증명. (가) 진리표

p	q	r	$p \vee q$	$(p \vee q) \vee r$	$q \vee r$	$p \vee (q \vee r)$
T	T	T	T	T	T	T
T	T	F	T	T	T	T
T	F	T	T	T	T	T
T	F	F	T	T	F	T
F	T	T	T	T	T	T
F	T	F	T	T	T	T
F	F	T	F	T	T	T
F	F	F	F	F	F	F

에 따라서 $(p \vee q) \vee r \equiv p \vee (q \vee r)$이다.

같은 방식으로 $(p \wedge q) \wedge r \equiv p \wedge (q \wedge r)$도 증명할 수 있다.

(나) 진리표

p	q	$p \vee q$	$q \vee p$
T	T	T	T
T	F	T	T
F	T	T	T
F	F	F	F

에 따라서 $p \vee q \equiv q \vee p$이다.

같은 방식으로 $p \wedge q \equiv q \wedge p$도 증명할 수 있다.

(다) 진리표

p	q	r	$q \wedge r$	$p \vee (q \wedge r)$	$p \vee q$	$p \vee r$	$(p \vee q) \wedge (p \vee r)$
T	T	T	T	T	T	T	T
T	T	F	F	T	T	T	T
T	F	T	F	T	T	T	T
T	F	F	F	T	T	T	T
F	T	T	T	T	T	T	T
F	T	F	F	F	T	F	F
F	F	T	F	F	F	T	F
F	F	F	F	F	F	F	F

에 따라서 $p \vee (q \wedge r) \equiv (p \vee q) \wedge (p \vee r)$이다.

같은 방식으로 $p \wedge (q \vee r) \equiv (p \wedge q) \vee (p \wedge r)$도 증명할 수 있다. □

실수의 덧셈과 곱셈에 대하여 결합법칙과 교환법칙이 위의 정리와 같은 방식으로 성립한다. 즉, 실수 a, b, c에 대하여

$$a + (b + c) = (a + b) + c, \quad a \times (b \times c) = (a \times b) \times c,$$
$$a + b = b + a, \qquad a \times b = b \times c$$

이다. 그러나 분배법칙에 대하여 실수의 경우는 조금 다르다. 즉, 실수 a, b, c에 대하여

$$a \times (b + c) = a \times b + a \times c$$

이지만, $a + (b \times c)$에 대한 분배법칙은 설립하지 않는다.

1.5.2 항진논리식

명제변수 p와 q에 임의의 명제가 대입될 때 논리식 $p \to (p \vee q)$의 진릿값은 항상 참이다. 이와 같은 논리식을 다음과 같이 정의한다.

정의 1.22: 항진논리식

논리식 P에 대하여, $P \equiv T$이면 논리식 P는 **항진논리식**이라고 한다.[a] 여기서 T는 참인 명제이다.

[a]항진논리식을 '항진명제'라고 하기도 한다. 이 책에서는 명제변수를 포함하는 논리식을 명제라고 볼 수 없다는 관점에서 항진논리식이라는 용어를 사용한다.

항진논리식 P에 대하여, P에 포함된 명제변수에 임의의 명제가 대입될 때 논리식 P의 진릿값은 항상 참이다.

논리합에 대한 다음 항진논리식을 볼 수 있다.

정리 1.6: 확대법칙

명제변수 p와 q에 대한 논리식

$$p \to (p \vee q)$$

는 항진논리식이다.

증명. 진리표

p	q	$p \vee q$	$p \to (p \vee q)$
T	T	T	T
T	F	T	T
F	T	T	T
F	F	F	T

에 따라서 $p \to (p \vee q)$는 항진논리식이다. □

논리합에서 교환법칙이 성립하므로 논리식

$$q \to (p \vee q)$$

도 항진논리식인 것을 알 수 있다.

논리합에 대한 다음의 항진논리식을 볼 수 있다.

정리 1.7: 단순화법칙

명제변수 p와 q에 대한 논리식

$$(p \wedge q) \to p, \qquad (p \wedge q) \to q$$

는 항진논리식이다.

증명. 진리표

p	q	$p \wedge q$	$(p \wedge q) \to p$	$(p \wedge q) \to q$
T	T	T	T	T
T	F	F	T	T
F	T	F	T	T
F	F	F	T	T

에 따라서 $(p \wedge q) \to p$와 $(p \wedge q) \to q$는 항진논리식이다. □

조건문 $p \to q$의 정의에 따라서 다음이 성립한다.

정리 1.8: 조건문에 대한 항진논리식

특정한 참인 명제를 T로 특정한 거짓인 명제를 F로 나타낼 때, 명제변수 p에 대한 논리식

$$F \to p \quad \text{그리고} \quad p \to T$$

는 항진논리식이다.

증명. 진리표

p	$F \to p$	$p \to T$
T	T	T
F	T	T

에 따라서 $F \to p$ 그리고 $p \to T$는 항진논리식이다. □

주어진 참인 명제가 참인 것을 밝히는 과정을 **논증**이라고 한다. 항진논리식을 이용하여 여러 가지 논증의 방법을 알 수 있다.

정리 1.9: 논증의 방법

명제변수 p, q, r에 대하여, 다음은 항진논리식이다.

(가) (배중률) $p \vee (\sim p)$,

(나) (대우법) $(p \to q) \ \leftrightarrow \ (\sim q \to \sim p)$,

(다) (귀류법) $p \leftrightarrow (\sim p \to F)$ (여기서 F는 거짓인 명제이다).

증명. (가) 진리표

p	$\sim p$	$p \vee (\sim p)$
T	F	T
F	T	T

에 따라서 $p \vee (\sim p)$는 항진논리식이다.

(나) 진리표

p	q	$p \to q$	$\sim p$	$\sim q$	$\sim q \to \sim p$	$(p \to q) \leftrightarrow (\sim q \to \sim p)$
T	T	T	F	F	T	T
T	F	F	F	T	F	T
F	T	T	T	F	T	T
F	F	T	T	T	T	T

에 따라서 $(p \to q) \ \leftrightarrow \ (\sim q \to \sim p)$는 항진논리식이다.

(다) 진리표

p	$\sim p$	$\sim p \to F$	$p \leftrightarrow (\sim p \to F)$
T	F	T	T
F	T	F	T

에 따라서 $p \leftrightarrow (\sim p \to F)$는 항진논리식이다. □

위의 정리의 (나)와 (다)에서와 같이 항진논리식이 $A \leftrightarrow B$와 같이 나타날 때, 이 식은 $A \equiv B$와 같은 결과를 나타낸다. 이때 $A \leftrightarrow B$는 명제가 아니고 항진논리식이지만 $A \equiv B$는 명제라는 차이가 있다. 즉 $(x \to y) \leftrightarrow (\sim y \to \sim x)$은 명제가 아니고 항진논리식이며 $(x \to y) \equiv (\sim y \to \sim x)$는 명제이다.

다음은 삼단논법에 대한 중요한 항진논리식이다.

정리 1.10: 삼단논법에 대한 논증의 방법

명제변수 p, q, r에 대하여, 다음은 항진논리식이다.

(가) (긍정식 삼단논법) $((p \to q) \wedge p) \to q$,

(나) (부정적 삼단논법) $((p \to q) \wedge (\sim q)) \to (\sim p)$,

(다) (삼단논법) $((p \to q) \wedge (q \to r)) \to (p \to r)$,

(라) (논리합 삼단논법) $((p \vee q) \wedge (\sim p)) \to q$, $((p \vee q) \wedge (\sim q)) \to p$.

증명. (가) 진리표

p	q	$p \to q$	$(p \to q) \wedge p$	$((p \to q) \wedge p) \to q$
T	T	T	T	T
T	F	F	F	T
F	T	T	F	T
F	F	T	F	T

에 따라서 $((p \to q) \wedge p) \to q$는 항진논리식이다.

(나) 진리표

p	q	$p \to q$	$\sim q$	$(p \to q) \wedge (\sim q)$	$\sim p$	$((p \to q) \wedge (\sim q)) \to (\sim p)$
T	T	T	F	F	F	T
T	F	F	T	F	F	T
F	T	T	F	F	T	T
F	F	T	T	T	T	T

에 따라서 $((p \to q) \wedge (\sim q)) \to (\sim p)$는 항진논리식이다.

(다) 진리표

p	q	r	$p \to q$	$q \to r$	$(p \to q) \wedge (q \to r)$	$p \to r$	A
T	T	T	T	T	T	T	T
T	T	F	T	F	F	F	T
T	F	T	F	T	F	T	T
T	F	F	F	T	F	F	T
F	T	T	T	T	T	T	T
F	T	F	T	F	F	T	T
F	F	T	T	T	T	T	T
F	F	F	T	T	T	T	T

에 따라서 $A : ((p \to q) \wedge (q \to r)) \to (p \to r)$는 항진논리식이다.

(라) 진리표

p	q	$p \vee q$	$\sim p$	$(p \vee q) \wedge (\sim q)$	$((p \vee q) \wedge (\sim p)) \to q$
T	T	T	F	F	T
T	F	T	F	F	T
F	T	T	T	T	T
F	F	F	T	F	T

에 따라서 $((p \vee q) \wedge (\sim p)) \to q$는 항진논리식이다. 진리표

p	q	$p \vee q$	$\sim q$	$(p \vee q) \wedge (\sim q)$	$((p \vee q) \wedge (\sim q)) \to p$
T	T	T	F	F	T
T	F	T	T	T	T
F	T	T	F	F	T
F	F	F	T	F	T

에 따라서 $((p \vee q) \wedge (\sim q)) \to p$는 항진논리식이다. □

연습문제 1.5

1. 참인 특정한 명제를 T로 거짓인 특정한 명제를 F로 나타낼 때, 명제변수 p에 대하여 다음을 증명하라.

   (가) $p \wedge T \equiv p, \quad p \vee T \equiv T,$ (나) $p \wedge F \equiv F, \quad p \vee F \equiv p.$

2. 명제변수 p, q, r에 대하여, 다음이 성립한다는 것을 증명하라.

   (가) (결합법칙) $(p \wedge q) \wedge r \equiv p \wedge (q \wedge r),$

   (나) (교환법칙) $p \wedge q \equiv q \wedge p,$

   (다) (분배법칙) $p \wedge (q \vee r) \equiv (p \wedge q) \vee (p \wedge r).$

3. 명제변수 p, q에 대하여, 논리식 $(\sim (p \rightarrow q)) \leftrightarrow (p \wedge (\sim q))$가 항진논리식인 것을 증명하라.

4. 명제변수 p, q, r, s에 대하여, 다음 논리식이 항진논리식인 것을 증명하라.[10]

   (가) $((p \rightarrow q) \wedge (r \rightarrow s)) \rightarrow ((p \vee r) \rightarrow (q \vee s)),$

   (나) $((p \rightarrow q) \wedge (r \rightarrow s)) \rightarrow ((p \wedge r) \rightarrow (q \wedge s)).$

5. 명제변수 p, q, r, s에 대하여, 다음 논리식이 항진논리식인 것을 증명하라.[11]

   (가) $((p \rightarrow q) \wedge (r \rightarrow s)) \rightarrow (((\sim q) \vee (\sim s)) \rightarrow ((\sim p) \vee (\sim r))),$

   (나) $((p \rightarrow q) \wedge (r \rightarrow s)) \rightarrow (((\sim q) \wedge (\sim s)) \rightarrow ((\sim p) \wedge (\sim r))).$

[10] (가)와 (나)의 항진논리식을 **구성적 양도논법**이라고 한다.
[11] (가)와 (나)의 항진논리식을 **파괴적 양도논법**이라고 한다.

1.6 증명

앞 절에서 논리적으로 동치인 논리식이 성립한다는 것을 보일 때와 논리식이 항진논리식인 것을 보일 때 주로 진리표를 이용하였다. 이 절에서 적용하는 **연역적 추론**이란 가정 또는 전제라는 명제들로부터 논리법칙을 적용하여 결론이라는 명제에 도달하는 추론의 과정이다. 가정들이 모두 참이면 이들에 논리법칙들을 맞게 적용하면 도달하는 결론은 필연적으로 참이다.

예제 1.13 긍정적 삼단논법 $(p \to q) \wedge p) \to q$가 항진논리식인 것을 증명하라.

풀이. 명제변수 p, q에 대하여,

$$\begin{aligned}
(p \to q) \wedge p &\equiv ((\sim p) \vee q) \wedge p && \text{(조건문 정의)}\\
&\equiv ((\sim p) \wedge p) \vee (q \wedge p) && \text{(분배법칙)}\\
&\equiv F \vee (q \wedge p) && \text{(부정과 논리곱 정의)}\\
&\equiv q \wedge p && \text{(거짓과 논리합 정의)}\\
&\to q && \text{(단순화법칙)}
\end{aligned}$$

이다. □

1.6.1 증명의 방법

정리는 진릿값이 참인 명제이다. 보통 정리는

$$\forall x \in A,\ p(x) \to q(x) \tag{1.1}$$

와 같은 형태로 나타난다.

정리 1.1을 증명하기 위하여, $p(x)$가 참인 것을 가정한 후에 공리들과 앞서 증명된 정리들을 이용하여 $q(x)$가 참인 것을 보이는 방법을 **직접증명**이라고 한다.

예제 1.14 모든 양의 정수의 집합 $\mathbb{N}$에 대하여, $n \in \mathbb{N}$이 6의 배수이면 n은 2의 배수인 것을 증명하라.

풀이. n이 6의 배수라고 가정하자. 그러면 $n = 6m$인 양의 정수 m이 존재한다. 따라서 $n = 6m = 2(3m)$이므로 n은 2의 배수이다. □

명제 (1.1)이 참인 것을 보이기 위하여, 전체를 부정한

$$\exists x \in A,\ p(x) \wedge (\sim q(x))$$

이 참인 것을 가정한 후에 모순이 일어남을 보이는 방법을 **간접증명** 또는 **귀류증명**이라고 한다.

예제 1.15 모든 양의 정수의 집합 $\mathbb{N}$에 대하여, $n \in \mathbb{N}$이 6의 배수이면 n은 2의 배수인 것을 증명하라.

풀이. 6의 배수이지만 2의 배수가 아닌 양의 정수 n이 존재한다고 가정하자. n이 6의 배수이므로 $n = 6m$인 양의 정수 m이 존재한다. 그리고 n은 2의 배수가 아니므로 $\forall k \in \mathbb{N}, n \neq 2k$이다. 그런데

$$n = 6m\ \wedge\ (\forall k \in \mathbb{N},\ n \neq 2k)$$

는 거짓이다. □

명제 (1.1)이 참인 것을 보이기 위하여, 명제에 나오는 조건문의 대우를 적용하여

$$\forall x \in A,\ \sim q(x) \rightarrow \sim p(x)$$

이 참인 것을 증명하는 방법을 **대우증명**이라고 한다.

예제 1.16 모든 양의 정수의 집합 $\mathbb{N}$에 대하여, $n \in \mathbb{N}$이 6의 배수이면 n은 2의 배수인 것을 증명하라.

풀이. n이 2의 배수가 아니라고 가정하자. 그러면 $\forall m \in \mathbb{N},\ n \neq 2m$이다. 따라서 모든 $k \in \mathbb{N}$에 대하여

$$6k = 2(3k) \neq n$$

이므로 n은 6의 배수가 아니다. □

1.6.2 수학적 귀납법

모든 자연수의 집합 $\mathbb{N} = \{0, 1, 2, \ldots\}$에서 n에 대한 조건 $p(n)$에 대하여, 전칭명제 $\forall n \in \mathbb{N},\ p(n)$이 성립한다는 것을 직접 보이는 것보다 일반적으로 쉬운 방법이 있

다. 즉

(가) $p(0)$이 참이고,

(나) $\forall k \in \mathbb{N}, p(k) \to p(k+1)$이 참이다

를 보이면 전칭명제 $\forall n \in \mathbb{N}, p(n) \to p(n)$가 성립한다는 것을 알 수 있다. 이 방법을 **수학적 귀납법**이라고 한다.

수학적 귀납법이 성립한다는 것을 확인하기 위하여 위의 (가)와 (나)가 성립한다고 가정하자. 그러면 (가)에 따라서 $p(0)$이 참이다. $p(0)$이 참이므로 (나)에 따라서 $p(1)$이 참이다. 또한 $p(1)$이 참이므로 (나)에 따라서 $p(2)$가 참이다. 이런 과정을 반복하면 임의의 자연수 n에 대하여 $p(n)$이 참인 것을 알 수 있다.

예제 1.17 자연수 n에 대하여 $1+3+5+\cdots+(2n-1)=n^2$인 것을 증명하라.

위의 예제를 다음과 같이 직접증명할 수 있다.

풀이. 자연수 n에 대하여

$$1+3+\cdots+(2(n-1)-1)+(2n-1)=S$$

로 놓자. 위 식의 좌변을 순서를 반대로 하여 나타내면

$$(2n-1)+(2(n-1)-1)+\cdots+3+1=S$$

이다. 위 두 식을 더하면

$$2n+2n+\cdots+2n+2n=2S$$

이므로 $2n^2=2S$ 즉, $S=n^2$이다. □

이제 수학적 귀납법을 적용하여 다음과 같이 증명할 수 있다.

풀이. 자연수 n에 대하여 수학적 귀납법을 적용하자.

(가) $n=1$일 때 $1=1^2$이다.

(나) 임의의 자연수 n에 대하여

$$1+3+5+\cdots+(2n-1)=n^2$$

라고 가정하자. 그러면

$$1 + 3 + 5 + \cdots + (2(n+1) - 1) = n^2 + (2(n+1) - 1) = (n+1)^2$$

이다.

(가)와 (나)에 따라서 증명된다. □

예제 1.18 자연수 n에 대하여 $n^3 - n$은 3의 배수인 것을 증명하라.

풀이. 자연수 n에 대한 수학적 귀납법을 적용하자.

(가) $0^3 - 0 = 0 \cdot 0$이므로 $0^3 - 0$은 3의 배수이다.

(나) 자연수 k에 대하여 $k^3 - k$가 3의 배수라고 가정하자. 즉, $k^3 - k = 3m$인 정수 m이 존재한다고 가정하자. 그러면

$$\begin{aligned}(k+1)^3 - (k+1) &= (k^3 + 3k^2 + 3k + 1) - (k+1) \\ &= (k^3 - k) + 3(k^2 + k) = 3(m + k^2 + k)\end{aligned}$$

이므로 $(k+1)^3 - (k+1)$은 3의 배수이다.

(가)와 (나)에 대한 수학적 귀납법에 따라서 $n^3 - n$은 3의 배수이다. □

1.6.3 논증

논증이란 가정이라는 명제들로부터 결론이라는 명제를 논리적으로 밝히는 과정이다. 만약 가정 $h_1, h_2, \ldots, h_n$과 결론 q에 대한 논리식

$$h_1 \wedge h_2 \wedge \cdots \wedge h_n \;\rightarrow\; q$$

이 항진논리식인 것을 보일 때, 위의 가정들과 결론을

$$\begin{array}{l} 1.\ h_1 \\ 2.\ h_2 \\ \quad\vdots \\ \text{n. } h_n \\ \hline \therefore q \end{array}$$

와 같이 나열할 수 있다. 만약 가정 $h_1, h_2, \ldots, h_n$이 모두 참일 때 결론 q가 반드시 참이면 이 논증은 **타당하다**라고 한다.

보기 1.16 논리식 $((p \to q) \wedge p) \to q$이 항진명제식이므로 논증

$$\begin{array}{l} 1.\ p \to q \\ 2.\ p \\ \hline \therefore q \end{array}$$

는 타당하다.

보기 1.17 논리식 $((p \to q) \wedge q) \to p$에 대하여, p가 거짓이고 q가 참일 때 가정 $(p \to q) \wedge q$는 참이지만 결론 p는 거짓이므로 $((p \to q) \wedge q) \to p$는 거짓이다. 따라서 논증

$$\begin{array}{l} 1.\ p \to q \\ 2.\ q \\ \hline \therefore p \end{array}$$

는 타당하지 않다.

추론규칙	이름
1. p $\therefore p \vee q$	확대법칙
1. $p \wedge q$ $\therefore p$	단순화법칙
1. p 2. q $\therefore p \wedge q$	논리곱법칙
1. $p \to q$ 2. p $\therefore q$	긍정적 삼단논법

추론규칙	이름
1. $p \to q$ 2. $\sim q$ $\therefore \sim p$	부정적 삼단논법
1. $p \to q$ 2. $q \to r$ $\therefore p \to r$	삼단논법
1. $p \vee q$ 2. $\sim p$ $\therefore q$	논리합 삼단논법

표 1.6 추론규칙

논증이 타당하다는 것을 보이기 위하여, 먼저 가정들을 나열하고 그 다음에 가정들로부터 유도되는 논리식을 나열하고 최종적으로 결론에 도달한다. 각 단계에서 타당한 논증인 **추론규칙**을 적용한다. 표 1.6에서 주요한 추론규칙을 볼 수 있다.

예제 1.19 논증

$$\begin{array}{l} 1.\ p_1 \rightarrow q_1 \\ 2.\ p_2 \rightarrow q_2 \\ 3.\ (q_1 \vee q_2) \rightarrow \sim r \\ 4.\ r \\ \hline \therefore (\sim p_1) \wedge (\sim p_2) \end{array}$$

이 타당하다는 것을 증명하라.

풀이. 논증

$$\begin{array}{ll} 1.\ p_1 \rightarrow q_1 & (\text{가정1}) \\ 2.\ p_2 \rightarrow q_2 & (\text{가정2}) \\ 3.\ (q_1 \vee q_2) \rightarrow \sim r & (\text{가정3}) \\ 4.\ r & (\text{가정4}) \\ 5.\ r \rightarrow \sim (q_1 \vee q_2) & (3\text{에 대한 대우법}) \\ 6.\ \sim (q_1 \vee q_2) & (4,\ 5\text{에 대한 긍정적 삼단논법}) \\ 7.\ \sim q_1 \wedge \sim q_2 & (6\text{에 대한 드 모르간 법칙}) \\ 8.\ \sim q_1 & (7\text{에 대한 단순화법칙}) \\ 9.\ \sim q_2 & (7\text{에 대한 단순화법칙}) \\ 10.\ \sim p_1 & (1,\ 8\text{에 대한 부정적 삼단논법}) \\ 11.\ \sim p_2 & (2,\ 9\text{에 대한 부정적 삼단논법}) \\ \hline \therefore (\sim p_1) \wedge (\sim p_2) & (10,\ 11\text{에 대한 논리곱법칙}) \end{array}$$

에 따라서 주어진 논증이 타당하다. □

연습문제 1.6

1. 연역적 추론을 적용하여 명제변수 p, q에 대한 논리식

$$(\sim (p \to q)) \;\leftrightarrow\; (p \wedge (\sim q))$$

가 항진논리식인 것을 증명하라.

2. 연역적 추론을 적용하여 다음 논리식이 항진논리식인 것을 증명하라.

(가) $((p \to q) \wedge (r \to s)) \to ((p \vee r) \to (q \vee s))$,

(나) $((p \to q) \wedge (r \to s)) \to ((p \wedge r) \to (q \wedge s))$.

3. 연역적 추론을 적용하여 다음 논리식이 항진논리식인 것을 증명하라.

(가) $((p \to q) \wedge (r \to s)) \to (((\sim q) \vee (\sim s)) \to ((\sim p) \vee (\sim r)))$,

(나) $((p \to q) \wedge (r \to s)) \to (((\sim q) \wedge (\sim s)) \to ((\sim p) \wedge (\sim r)))$.

4. 자연수 n에 대하여 다음이 성립한다는 것을 증명하라.

(가) $1^2 + 2^2 + 3^2 + \cdots + n^2 = \dfrac{n(n+1)(2n+1)}{6}$,

(나) $1^3 + 2^3 + 3^3 + \cdots + n^3 = \dfrac{n^2(n+1)^2}{4}$.

5. 논증

$$\begin{array}{l} 1.\ (p_1 \vee p_2) \to q \\ 2.\ r \to p_2 \\ 3.\ p_1 \vee r \\ \hline \therefore q \end{array}$$

이 타당하다는 것을 증명하라.

1.7 집합의 기본적인 성질

이 절에서 집합에 대한 기본적인 성질을 알아본다.

1.7.1 전체집합과 공집합

전체집합과 공집합에 대하여 다음 정리가 성립한다.

정리 1.11: 전체집합과 공집합에 대한 포함관계

전체집합 U의 부분집합 A에 대하여,

$$\emptyset \subseteq A, \qquad A \subseteq U$$

이다.

증명. 임의의 원소 $x \in U$에 대하여, $x \in \emptyset$은 거짓이므로 $x \in \emptyset \to x \in A$는 참이다. 따라서 전칭명제 $\forall x \in U, x \in \emptyset \to x \in A$는 참이다. 즉, $\emptyset \subseteq A$이다.

임의의 원소 $x \in U$에 대하여 $x \in U$는 참이므로 $x \in A \to x \in U$는 참이다. 따라서 전칭명제 $\forall x \in U, x \in A \to x \in U$는 참이다. 즉, $A \subseteq U$이다. □

집합 A와 B에 대하여, $A \subseteq B$이기 위한 필요충분조건인 조건을 다음과 같이 정리할 수 있다.

정리 1.12: 부분집합이기 위한 필요충분조건

전체집합 U의 부분집합 A와 B에 대하여, 다음은 서로 필요충분조건이다.

(가) $A \subseteq B$,

(나) $A \cap B = A$,

(다) $A \cup B = B$.

증명. (가) $\to$ (나). $A \subseteq B$라고 가정하자. 임의의 원소 $x \in U$에 대하여

$$\begin{aligned} x \in A \cap B &\to x \in A \wedge x \in B \\ &\to x \in A \end{aligned}$$

이므로 $A \cap B \subseteq A$이다. 또한 임의의 원소 $x \in U$에 대하여

$$\begin{aligned} x \in A \to\ & x \in A \subseteq B \\ \to\ & x \in A \wedge x \in B \\ \to\ & x \in A \cap B \end{aligned}$$

이므로 $A \subseteq A \cap B$이다. 따라서 $A \cap B \subseteq A$이고 $A \subseteq A \cap B$이므로 $A \cap B = A$이다.

(나) $\to$ (다). $A \cap B = A$라고 가정하자. 임의의 원소 $x \in U$에 대하여

$$x \in B \ \to\ x \in A \vee x \in B \ \to\ x \in A \cup B$$

이므로 $B \subseteq A \cup B$이다. 또한 임의의 원소 $x \in U$에 대하여

$$\begin{aligned} x \in A \cup B \to\ & x \in A \vee x \in B \\ \to\ & x \in A = A \cap B \vee x \in B \\ \to\ & (x \in A \wedge x \in B) \vee x \in B \\ \to\ & x \in B \end{aligned}$$

이므로 $A \cup B \subseteq B$이다. 따라서 $B \subseteq A \cup B$이고 $A \cup B \subseteq B$이므로 $A \cup B = B$이다.

(다) $\to$ (가). $A \cup B = B$라고 가정하자. 임의의 $x \in U$에 대하여

$$\begin{aligned} x \in A \to\ & x \in A \vee x \in B \\ \to\ & x \in A \cup B \\ \to\ & x \in A \cup B = B \\ \to\ & x \in B \end{aligned}$$

이므로 $A \subseteq B$이다. □

정리 1.11와 정리 1.12에 따라서 다음이 성립한다.

따름정리 1.13: 전체집합과 공집합에 대한 교집합과 합집합

전체집합 U의 부분집합 A에 대하여,

$$A \cap \emptyset = \emptyset, \qquad A \cup \emptyset = A, \qquad A \cap U = A, \qquad A \cup U = U$$

이다.

1.7.2 집합의 기본적인 성질

전체집합 U의 부분집합 A에 대하여,

$$A \subseteq A$$

이므로, 정리 1.12에 따라서 다음이 성립한다.

따름정리 1.14: 교집합과 합집합에 대한 멱등법칙

전체집합 U의 부분집합 A에 대하여,

$$A \cup A = A, \qquad A \cap A = A$$

이다.

또한

$$A \subseteq (A \cup B), \quad A \cap B \subseteq A$$

이므로, 정리 1.12에 따라서 다음이 성립한다.

따름정리 1.15: 교집합과 합집합에 대한 흡수법칙

전체집합 U의 부분집합 A와 B에 대하여,

$$A \cap (A \cup B) = A, \qquad A \cup (A \cap B) = A$$

이다.

집합연산에서 다음의 기본성질이 성립한다.

정리 1.16: 교집합과 합집합에 대한 결합법칙

전체집합 U의 부분집합 A, B, C에 대하여,

$$(A \cup B) \cup C = A \cup (B \cup C), \qquad (A \cap B) \cap C = A \cap (B \cap C)$$

이다.

증명. 집합 A, B, C를

$$A = \{x \in U \mid p(x)\}, \quad B = \{x \in U \mid q(x)\}, \quad C = \{x \in U \mid r(x)\}$$

와 같이 조건제시법으로 나타내자. 논리합과 논리곱에 대한 결합법칙에 따라서

$$\begin{aligned}(A \cup B) \cup C &= \{x \in U \mid (p(x) \vee q(x)) \vee r(x)\} \\ &= \{x \in U \mid p(x) \vee (q(x) \vee r(x))\} \\ &= A \cup (B \cup C)\end{aligned}$$

이고

$$\begin{aligned}(A \cap B) \cap C &= \{x \in U \mid (p(x) \wedge q(x)) \wedge r(x)\} \\ &= \{x \in U \mid p(x) \wedge (q(x) \wedge r(x))\} \\ &= A \cap (B \cap C)\end{aligned}$$

이다. □

정리 1.17: 교집합과 합집합에 대한 교환법칙

전체집합 U의 부분집합 A와 B에 대하여,

$$A \cup B = B \cup A, \qquad A \cap B = B \cap A$$

이다.

증명. 집합 A, B, C를 조건제시법으로

$$A = \{x \in U \mid p(x)\}, \quad B = \{x \in U \mid q(x)\}$$

와 같이 나타내자. 논리합과 논리곱에 대한 교환법칙에 따라서

$$A \cup B = \{x \in U \mid p(x) \vee q(x)\} = \{x \in U \mid q(x) \vee p(x)\} = B \cup A$$

이고

$$A \cap B = \{x \in U \mid p(x) \wedge q(x)\} = \{x \in U \mid q(x) \wedge p(x)\} = B \cap A$$

이다. □

정리 1.18: 교집합과 합집합에 대한 분배법칙

전체집합 U의 부분집합 A, B, C에 대하여,

$$A \cap (B \cup C) = (A \cap B) \cup (A \cap C), \qquad A \cup (B \cap C) = (A \cup B) \cap (A \cup C)$$

이다.

증명. 집합 A, B, C를 조건제시법으로

$$A = \{x \in U \mid p(x)\}, \quad B = \{x \in U \mid q(x)\}, \quad C = \{x \in U \mid r(x)\}$$

와 같이 나타내자. 논리합과 논리곱에 대한 분배법칙에 따라서

$$\begin{aligned} A \cup (B \cap C) &= \{x \in U \mid p(x) \vee (q(x) \wedge r(x))\} \\ &= \{x \in U \mid (p(x) \vee q(x)) \wedge (p(x) \vee r(x))\} \\ &= (A \cup B) \cap (A \cup C) \end{aligned}$$

이고

$$\begin{aligned} A \cap (B \cup C) &= \{x \in U \mid p(x) \wedge (q(x) \vee r(x))\} \\ &= \{x \in U \mid (p(x) \wedge q(x)) \vee (p(x) \wedge r(x))\} \\ &= (A \cap B) \cup (A \cap C) \end{aligned}$$

이다. □

1.7.3 여집합에 대한 성질

여집합에 대하여 다음과 같이 정리할 수 있다.

정리 1.19: 여집합에 대한 성질

전체집합 U의 부분집합 A에 대하여,

(가) (여집합법칙) $A \cup A^c = U, \qquad A \cap A^c = \emptyset$,

(나) (대합법칙) $(A^c)^c = A$

이다.

증명. (가) $A \cup A^c \subseteq U$이므로 $U \subseteq A \cup A^c$만 보이면 된다. 만약 $x \in U$이면 배중률에 따라서 $x \in A \vee x \in A^c$이므로 $x \in A \cup A^c$이다.

$\emptyset \subseteq A \cap A^c$이므로 $A \cap A^c \subseteq \emptyset$만 보이면 된다. 임의의 $x \in U$에 대하여, $x \in A \cap A^c$라고 가정하자. 그러면 $x \in A \wedge x \notin A$인데 이는 거짓이다. 따라서

$$\forall x \in U, (x \in A \wedge x \notin A) \rightarrow (x \in \emptyset)$$

이므로 $A \cap A^c \subseteq \emptyset$이다.

(나) 전체집합 U의 부분집합 A에 대하여,

$$(A^c)^c = \{x \in U \mid x \notin A^c\} = \{x \in U \mid x \in A\} = A$$

이다. □

예제 1.20 전체집합 U에 대하여

$$\emptyset^c = U, \qquad U^c = \emptyset$$

인 것을 증명하라.

풀이. 모든 $x \in U$에 대하여 $x \notin \emptyset$이므로

$$\emptyset^c = \{x \in U \mid x \notin \emptyset\} = U$$

이다. 모든 $x \in U$에 대하여 $x \in U$이므로

$$U^c = \{x \in U \mid x \notin U\} = \emptyset$$

이다. □

보기 1.18 전체집합 $U = \{1, 2, 3, 4, 5\}$와 $A = \{1, 2, 3\}$에 대하여, $A^c = \{4, 5\}$이므로

$$A \cap A^c = \emptyset, \qquad A \cup A^c = U$$

이다.

집합들의 합집합과 교집합에 대한 다음의 유명한 정리가 있다.

정리 1.20: 교집합과 합집합에 대한 드 모르간 법칙

전체집합 U의 부분집합 A, B에 대하여,

$$(A \cup B)^c = A^c \cap B^c, \qquad (A \cap B)^c = A^c \cup B^c$$

이다.

증명. 집합 A와 B를 각각 $A = \{x \in U \mid p(x)\}$와 $B = \{x \in U \mid q(x)\}$로 놓을 수 있다. 그러면, 논리식에 대한 드 모르간 법칙에 따라서

$$\begin{aligned}(A \cup B)^c &= \{x \in U \mid p(x) \vee q(x)\}^c \\ &= \{x \in U \mid \sim (p(x) \vee q(x))\} \\ &= \{x \in U \mid (\sim p(x)) \wedge (\sim q(x))\} \\ &= \{x \in U \mid \sim p(x)\} \cap \{x \in U \mid \sim q(x)\} \\ &= A^c \cap B^c\end{aligned}$$

이고

$$\begin{aligned}(A \cap B)^c &= \{x \in U \mid p(x) \wedge q(x)\}^c \\ &= \{x \in U \mid \sim (p(x) \wedge q(x))\} \\ &= \{x \in U \mid (\sim p(x)) \vee (\sim q(x))\} \\ &= \{x \in U \mid \sim p(x)\} \cup \{x \in U \mid \sim q(x)\} \\ &= A^c \cup B^c\end{aligned}$$

이다. □

예제 1.21 전체집합 $U = \{1, 2, 3, 4\}$와 집합 $A = \{2, 3\}$와 $B = \{3, 4\}$에 대하여,

$$(A \cup B)^c = A^c \cap B^c, \quad (A \cap B)^c = A^c \cup B^c$$

을 증명하라.

풀이. 집합 A와 B에 대하여,

$$A \cup B = \{2, 3, 4\}, \quad A \cap B = \{3\}$$

이므로

$$(A \cup B)^c = \{1\}, \quad (A \cap B)^c = \{1, 2, 4\}$$

이다. 또한

$$A^c = \{1, 4\}, \quad B^c = \{1, 2\}$$

이므로

$$A^c \cap B^c = \{1\}, \quad A^c \cup B^c = \{1, 2, 4\}$$

이다. 따라서

$$(A \cup B)^c = A^c \cap B^c, \quad (A \cap B)^c = A^c \cup B^c$$

이다. □

연습문제 1.7

1. 전체집합 U의 부분집합 A, B, C에 대하여, $A \subseteq B$이고 $B \subseteq C$이면 $A \subseteq C$인 것을 증명하라.

2. 전체집합 U의 부분집합 A와 B에 대하여, $A \cap B = A$이면 $A \subseteq B$인 것을 증명하라.

3. 전체집합 U에 대하여, 다음을 증명하라.

   (가) $\forall A \in \mathscr{P}(U), \forall B \in \mathscr{P}(U), A \subseteq A \cup B$,

   (나) $\forall A \in \mathscr{P}(U), \forall B \in \mathscr{P}(U), A \cap B \subseteq A$.

4. 집합 A와 B에 대하여, 다음 등식이 성립한다는 것을 증명하라.

   (가) $A - (A - B) = A \cap B$,

   (나) $(A - B) \cup (B - A) = (A \cup B) - (A \cap B)$.

5. 집합 A, B, C에 대하여, 다음 등식이 성립한다는 것을 증명하라.

   (가) $(A - B) - C = A - (B \cup C)$,

   (나) $A - (B \cap C) = (A - B) \cup (A - C)$,

   (다) $A - (B \cup C) = (A - B) \cap (A - C)$.

6. 집합 A, B, C에 대하여, 다음 등식이 성립한다는 것을 증명하라.

   (가) $(A \cap B \cap C)^c = A^c \cup B^c \cup C^c$,

   (나) $(A \cup B \cup C)^c = A^c \cap B^c \cap C^c$.

1.8 집합족

집합 $\{\{a\}, \{b\}, \{a, b\}\}$와 같이 원소가 집합인 모인 것을 **집합족**이라고 한다.

집합 I에 대한 모든 원소 $i \in I$에 대하여 A_i가 집합일 때

$$\{A_i\}_{i \in I}$$

와 같이 집합족을 나타낼 수 있다. 만약 $I = \{1, 2, 3, 4\}$이면

$$\{A_i\}_{i \in I} = \{A_1, A_2, A_3, A_4\}$$

이다. 집합 A_i를 나타내기 위하여 사용한 원소 $i \in I$는 **첨수**라고 하고 I는 **첨수집합**이라고 한다.[12]

보기 1.19 실수 전체의 집합을 $\mathbb{R}$로 나타낼 때, 집합 $I = \{i \in \mathbb{R} \,|\, 0 \le i \le 1\}$의 원소의 개수는 무수히 많다. 각각의 $i \in I$에 대하여 $A_i = \{x \in \mathbb{R} \,|\, i < x\}$일 때, 집합족 $\mathscr{F} = \{A_i\}_{i \in I}$의 원소의 개수는 무수히 많다.

집합족을 이용하여 다음과 같이 일반적인 합집합을 정의할 수 있다.

정의 1.23: 집합족 모든 원소의 합집합

원소가 전체집합 U의 부분집합인 집합족 $\mathscr{F}$에 대하여, $\mathscr{F}$의 모든 원소의 합집합 $\{x \in U : \exists A \in \mathscr{F},\ x \in A\}$를 $\displaystyle\bigcup_{A \in \mathscr{F}} A$로 나타낸다.

첨수된 집합족 $\mathscr{F} = \{A_i\}_{i \in I}$인 경우 합집합 $\displaystyle\bigcup_{A \in \mathscr{F}} A$를

$$\bigcup_{i \in I} A_i = \{x \in U \,|\, \exists i \in I, x \in A_i\}$$

로 나타낼 수 있다. 만약 $I = \{1, 2, \ldots, n\}$이면 합집합 $\displaystyle\bigcup_{i \in I} A_i$를

$$\bigcup_{i=1}^{n} A_i \quad \text{또는} \quad A_1 \cup A_2 \cup \cdots \cup A_n$$

[12] 첨수를 **지표**라고도 한다.

와 같이 나타내기도 한다.

일반적인 교집합은 다음과 같이 정의된다.

정의 1.24: 집합족 모든 원소의 교집합

원소가 전체집합 U의 부분집합인 집합족 $\mathscr{F}$에 대하여, $\mathscr{F}$의 모든 원소의 교집합 $\{x \in U : \forall A \in \mathscr{F},\ x \in A\}$를 $\displaystyle\bigcap_{A \in \mathscr{F}} A$로 나타낸다.

첨수된 집합족 $\mathscr{F} = \{A_i\}_{i \in I}$인 경우 교집합 $\displaystyle\bigcap_{A \in \mathscr{F}} A$를

$$\bigcap_{i \in I} A_i = \{x \in U \,|\, \forall i \in I, x \in A_i\}$$

로 나타낼 수 있다. 만약 $I = \{1, 2, \ldots, n\}$이면 교집합 $\displaystyle\bigcap_{i \in I} A_i$를

$$\bigcap_{i=1}^{n} A_i \quad \text{또는} \quad A_1 \cap A_2 \cap \cdots \cap A_n$$

와 같이 나타내기도 한다.

두 실수 a와 b에 대하여, 집합 $\{x \in \mathbb{R} \,|\, a < x < b\}$를 a와 b에 대한 **열린 구간**이라고 하고 (a, b)로 나타낸다.

예제 1.22 모든 양의 정수의 집합 $\mathbb{N}$에 대한 집합족 $\{(0, 1/n) \mid n \in \mathbb{N}\}$에 대하여,

$$\bigcap_{n=1}^{\infty} \left(0, \frac{1}{n}\right) = \emptyset$$

인 것을 증명하라.

풀이. 귀류법으로 보이기 위하여 $\displaystyle\bigcap_{n=1}^{\infty} \left(0, \frac{1}{n}\right) \neq \emptyset$라고 가정하자. 그러면

$$\exists x \in \mathbb{R}, x \in \bigcap_{n=1}^{\infty} \left(0, \frac{1}{n}\right)$$

이므로 $\forall n \in \mathbb{N}, a \in (0, 1/n)$인 실수 a가 존재한다. 다시 말하면, $\forall n \in \mathbb{N}, n < 1/a$

인데 이는 거짓이다. □

집합족에 대한 다음의 법칙이 성립한다.

정리 1.21: 집합족에 대한 드 모르간 법칙

집합족 $\mathscr{F}$에 대하여,

$$\left(\bigcup_{A\in\mathscr{F}} A\right)^c = \bigcap_{A\in\mathscr{F}} A^c, \qquad \left(\bigcap_{A\in\mathscr{F}} A\right)^c = \bigcup_{A\in\mathscr{F}} A^c$$

이다.

증명. 집합족 $\mathscr{F}$에 대하여,

$$\begin{aligned}\left(\bigcup_{A\in\mathscr{F}} A\right)^c &= \{x \in U \mid \sim(\exists A \in \mathscr{F},\, x \in A)\}\\ &= \{x \in U \mid \forall A \in \mathscr{F},\, x \notin A\}\\ &= \{x \in U \mid \forall A \in \mathscr{F},\, x \in A^c\}\\ &= \bigcap_{A\in\mathscr{F}} A^c\end{aligned}$$

이다.

두 번째 등식도 같은 방식으로 증명할 수 있다. □

정리 1.22: 집합족에 대한 분배법칙

집합 A와 집합족 $\mathscr{F}$에 대하여,

$$A\cap\left(\bigcup_{B\in\mathscr{F}} B\right) = \bigcup_{B\in\mathscr{F}} (A\cap B), \qquad A\cup\left(\bigcap_{B\in\mathscr{F}} B\right) = \bigcap_{B\in\mathscr{F}} (A\cup B)$$

이다.

증명. 집합 A와 집합족 $\mathscr{F}$에 대하여,

$$\begin{aligned} A \cap \left(\bigcup_{B \in \mathscr{F}} B \right) &= \{x \in U \mid (x \in A) \wedge (\exists B \in \mathscr{F}, x \in B)\} \\ &= \{x \in U \mid \exists B \in \mathscr{F}, (x \in A) \wedge (x \in B)\} \\ &= \{x \in U \mid \exists B \in \mathscr{F}, x \in A \cap B\} \\ &= \bigcup_{B \in \mathscr{F}} (A \cap B) \end{aligned}$$

이다.

두 번째 등식도 같은 방식으로 증명할 수 있다. □

마지막으로 집합족 $\mathscr{F}$가 공집합인 경우 다음이 성립한다.

정리 1.23: 공집합인 집합족에 대한 합집합과 교집합

공집합인 집합족 $\emptyset$에 대하여

$$\bigcup_{A \in \emptyset} A = \emptyset, \qquad \bigcap_{A \in \emptyset} A = U$$

이다. 여기서 U는 전체집합이다.

증명. 임의의 원소 $a \in U$에 대하여, $\exists A \in \emptyset, a \in A$은 거짓이므로

$$\bigcup_{A \in \emptyset} A = \{x \in U \mid \exists A \in \emptyset, x \in A\} = \emptyset$$

이다.

임의의 원소 $a \in U$에 대하여, $\forall A \in \emptyset, a \in A$은 참이므로

$$\bigcap_{A \in \emptyset} A = \{x \in U \mid \forall A \in \emptyset, x \in A\} = U$$

이다. □

연습문제 1.8

1. 집합족 $\mathscr{F}$에 대하여,

$$\left(\bigcap_{A\in\mathscr{F}} A\right)^c = \bigcup_{A\in\mathscr{F}} A^c$$

인 것을 증명하라.

2. 집합 A와 집합족 $\mathscr{F}$에 대하여,

$$A \cup \left(\bigcap_{B\in\mathscr{F}} B\right) = \bigcap_{B\in\mathscr{F}} (A \cup B)$$

인 것을 증명하라.

3. 모든 양의 정수의 집합 $\mathbb{N}$에 대한 집합족 $\{(0, 1/n) \mid n \in \mathbb{N}\}$에 대하여, 다음을 구하라.

(가) $\displaystyle\bigcup_{n=1}^{100} \left(0, \frac{1}{n}\right)$, (나) $\displaystyle\bigcap_{n=1}^{100} \left(0, \frac{1}{n}\right)$, (다) $\displaystyle\bigcup_{n=1}^{\infty} \left(0, \frac{1}{n}\right)$.

4. 집합족 $\{A_i\}_{i\in I}$와 $\{B_j\}_{j\in J}$에 대하여, 다음을 증명하라.

(가) $\displaystyle\left(\bigcap_{i\in I} A_i\right) \times \left(\bigcap_{j\in J} B_j\right) = \bigcap_{(i,j)\in I\times J} (A_i \times B_j)$,

(나) $\displaystyle\left(\bigcup_{i\in I} A_i\right) \times \left(\bigcup_{j\in J} B_j\right) = \bigcup_{(i,j)\in I\times J} (A_i \times B_j)$.

5. 집합족 $\{A_i\}_{i\in I}$와 $\{B_j\}_{j\in J}$에 대하여, 다음을 증명하라.

(가) $\displaystyle\left(\bigcup_{i\in I} A_i\right) - \left(\bigcup_{j\in J} B_j\right) = \bigcup_{i\in I} \left(\bigcap_{j\in J} (A_i - B_j)\right)$,

(나) $\displaystyle\left(\bigcap_{i\in I} A_i\right) - \left(\bigcap_{j\in J} B_j\right) = \bigcap_{i\in I} \left(\bigcup_{j\in J} (A_i - B_j)\right)$.

제 2 장

관계와 함수

두 집합의 곱집합의 부분집합을 두 집합 사이의 관계로 정의한다. 관계에 몇 가지 조건을 제한하여 두 집합 사이의 함수를 정의한다. 두 집합이 같은 경우 관계를 자기관계라고 한다. 자기관계 중에서 특별한 성질을 가지는 동치관계와 순서관계를 정의한다.

2.1 순서쌍과 곱집합

이 절에서 두 원소에 대한 순서쌍과 두 집합의 곱집합을 정의한다.

보기 2.1 자연수 $1, 2$에 대하여

$$\{1,2\} = \{2,1\}, \qquad \{1,1\} = \{1\}$$

이다.

위의 보기에서와 같이 원소 a, b에 대한 집합 $\{a, b\}$에서 원소 a와 b 사이에는 순서관계가 없다. 이를 명확히 나타내면 다음과 같다.

정리 2.1: 집합의 무순서성

원소 a, b, c, d에 대하여,

$$\{a,b\} = \{c,d\} \quad \leftrightarrow \quad (a = c \wedge b = d) \vee (a = d \wedge b = c)$$

이다.

증명. $(a = c \wedge b = d) \vee (a = d \wedge b = c)$라고 가정하자. 그러면

$$\{a,b\} = \{c,d\} \vee \{a,b\} = \{d,c\} = \{c,d\}$$

이므로 $\{a,b\} = \{c,d\}$이다.

위의 역이 성립한다는 것을 보이기 위하여 $\{a,b\} = \{c,d\}$라고 가정하자. $a \in \{a,b\} = \{c,d\}$이므로 $a = c$ 또는 $a = d$이다.

(가) $a = c$인 경우: $b \in \{a,b\} = \{c,d\}$이므로 $b = c$ 또는 $b = d$이다. $b = c$인 경우 $a = b = c = d$이므로 $(a = c \wedge b = d) \vee (a = d \wedge b = c)$이다. $b = d$인 경우 $a = c$이므로 $(a = c \wedge b = d) \vee (a = d \wedge b = c)$이다.

(나) $a = d$인 경우: $b \in \{a,b\} = \{c,d\}$이므로 $b = c$ 또는 $b = d$이다. $b = c$인 경우 $a = d$이므로 $(a = c \wedge b = d) \vee (a = d \wedge b = c)$이다. $b = d$인 경우 $a = b = c = d$이므로 $(a = c \wedge b = d) \vee (a = d \wedge b = c)$이다.

(가)와 (나)에 따라서 $(a = c \wedge b = d) \vee (a = d \wedge b = c)$이다. □

집합 $\{a, b\}$에서 찾을 수 없는 두 원소의 순서를 나타내기 위하여 다음과 같이 정의한다.

정의 2.1: 순서쌍

집합 X의 원소 a와 b에 대하여, 집합

$$\{\{a\}, \{a, b\}\}$$

를 a와 b의 **순서쌍**이라고 하고 (a, b)로 나타낸다.[a] 이때 a를 순서쌍 (a, b)의 **첫째 성분**이라고 하고 b를 순서쌍 (a, b)의 **둘째 성분**이라고 한다.[b]

[a]순서쌍 (a, b)가 실수에서 열린 구간 (a, b)와 같은 형태이지만 전혀 다른 대상인 것을 명심하자.

[b]첫째 성분을 **첫째 좌표**, 둘째 성분을 **둘째 좌표**라고도 한다.

순서쌍의 정의로부터 다음 정리를 알 수 있다.

정리 2.2: 순서쌍

집합 X의 원소 x, y, u, v에 대하여, $(x = u) \wedge (y = v)$는 $(x, y) = (u, v)$이기 위한 필요충분조건이다.

증명. 먼저 $(x = u) \wedge (y = v)$라고 가정하자. 그러면,

$$(x, y) = \{\{x\}, \{x, y\}\} = \{\{u\}, \{u, v\}\} = (u, v)$$

이다.

이제 $(x, y) = (u, v)$라고 가정하자. 그러면, $\{\{x\}, \{x, y\}\} = \{\{u\}, \{u, v\}\}$이므로

$$(\{x\} = \{u\} \wedge \{x, y\} = \{u, v\}) \quad \vee \quad (\{x\} = \{u, v\} \wedge \{x, y\} = \{u\})$$

이다. 따라서, $(x = u \wedge y = v) \vee (x = y = u = v)$이므로 $(x = u) \wedge (y = v)$이다. □

순서쌍 (a, b)는 $\{\{a\}, \{a, b\}\}$로 정의되지만 이 정의는 다소 복잡하다. 그런데 위의 정리로부터 $x = u \wedge y = v$는 $(x, y) = (u, v)$이기 위한 필요충분조건이므로, $(x, y) = (u, v)$를 $x = u \wedge y = v$로 이해할 수 있다.

이제 순서쌍들을 이용하여 다음 집합을 정의하자.

정의 2.2: 곱집합

집합 X와 Y에 대하여, 집합

$$\{(x, y) \mid x \in X \wedge y \in Y\}$$

를 X와 Y의 **곱집합**이라고 하고 $X \times Y$로 나타낸다.[a]

[a]곱집합을 **데카르트 곱**이라고도 한다.

집합을 벤 도표로 나타내는 것과 같이, 그림 2.1에서와 같이 곱집합 $X \times Y$를 도표로 나타낼 수 있다. 이 도표를 $X \times Y$의 **좌표도표**라고 한다. 가로축에 집합 X를 나타내는 선분을 그리고 세로축에 집합 Y를 나타내는 선분을 그리면 곱집합 $X \times Y$가 그림 2.1에서와 같이 나타난다.

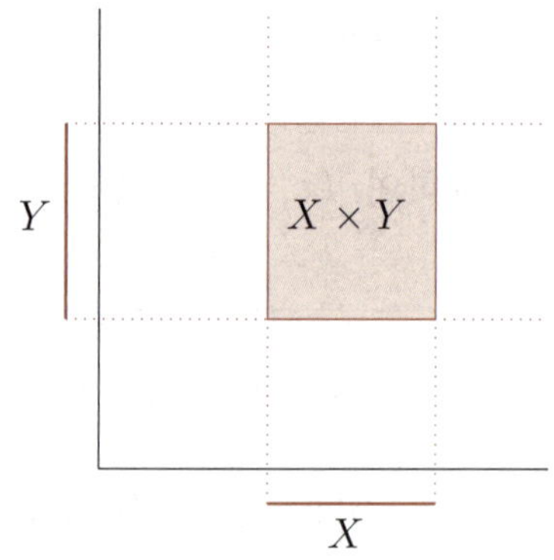

그림 2.1 곱집합 $X \times Y$의 좌표도표

예제 2.1 집합 $X = \{1, 2, 3\}$와 $Y = \{a, b\}$에 대하여 $X \times Y$와 $Y \times X$를 구하라.

풀이. 곱집합의 정의에 따라서

$$X \times Y = \{(1, a), (1, b), (2, a), (2, b), (3, a), (3, b)\},$$
$$Y \times X = \{(a, 1), (a, 2), (a, 3), (b, 1), (b, 2), (b, 3)\}$$

이다. □

곱집합에 대한 기본적인 성질을 다음과 같이 정리할 수 있다.

정리 2.3: 곱집합의 성질

집합 A, B, C에 대하여,

(가) $A \times (B \cap C) = (A \times B) \cap (A \times C)$,

(나) $A \times (B \cup C) = (A \times B) \cup (A \times C)$,

(다) $A \times (B - C) = (A \times B) - (A \times C)$

이다.

증명. (가) 전체집합 U의 원소 x, y에 대하여,

$$\begin{aligned} (x,y) \in & A \times (B \cap C) \\ & \leftrightarrow x \in A \wedge y \in B \cap C && \text{(곱집합의 정의)} \\ & \leftrightarrow x \in A \wedge (y \in B \wedge y \in C) && \text{(교집합의 정의)} \\ & \leftrightarrow (x \in A \wedge x \in A) \wedge (y \in B \wedge y \in C) && \text{(멱등법칙)} \\ & \leftrightarrow (x \in A \wedge y \in B) \wedge (x \in A \wedge y \in C) && \text{(결합법칙·교환법칙)} \\ & \leftrightarrow ((x,y) \in A \times B) \wedge ((x,y) \in A \times C) && \text{(곱집합의 정의)} \\ & \leftrightarrow (x,y) \in (A \times B) \cap (A \times C) && \text{(교집합의 정의)} \end{aligned}$$

이므로 $A \times (B \cap C) = (A \times B) \cap (A \times C)$이다.

(나) 전체집합 U의 원소 x, y에 대하여,

$$\begin{aligned} (x,y) \in A \times (B \cup C) & \leftrightarrow x \in A \wedge y \in B \cup C && \text{(곱집합의 정의)} \\ & \leftrightarrow x \in A \wedge (y \in B \vee y \in C) && \text{(합집합의 정의)} \\ & \leftrightarrow (x \in A \wedge y \in B) \vee (x \in A \wedge y \in C) && \text{(분배법칙)} \\ & \leftrightarrow ((x,y) \in A \times B) \vee ((x,y) \in A \times C) && \text{(곱집합의 정의)} \\ & \leftrightarrow (x,y) \in (A \times B) \cup (A \times C) && \text{(합집합의 정의)} \end{aligned}$$

이므로 $A \times (B \cup C) = (A \times B) \cup (A \times C)$이다.

(다) 전체집합 U의 원소 x, y에 대하여,

$$
\begin{aligned}
(x,y) \in & A \times (B - C) \\
& \leftrightarrow x \in A \wedge y \in B - C && \text{(곱집합의 정의)} \\
& \leftrightarrow x \in A \wedge (y \in B \wedge y \notin C) && \text{(차집합의 정의)} \\
& \leftrightarrow (x \in A \wedge x \in A) \wedge (y \in B \wedge y \notin C) && \text{(멱등법칙)} \\
& \leftrightarrow (x \in A \wedge y \in B) \wedge (x \in A \wedge y \notin C) && \text{(결합법칙·교환법칙)} \\
& \leftrightarrow ((x,y) \in A \times B) \wedge ((x,y) \in A \times C^c) && \text{(곱집합의 정의)} \\
& \leftrightarrow ((x,y) \in A \times B) \wedge ((x,y) \notin A^c \times C) \\
& \qquad \wedge ((x,y) \notin A^c \times C^c) \wedge ((x,y) \notin A \times C) && \text{(곱집합의 정의)} \\
& \leftrightarrow ((x,y) \in A \times B) \wedge ((x,y) \notin A^c \times C^c) \\
& \qquad \wedge ((x,y) \notin A \times C) && (A \times B \subseteq (A^c \times C)^c) \\
& \leftrightarrow ((x,y) \in A \times B) \wedge ((x,y) \notin A \times C) && (A \times B \subseteq (A^c \times C^c)^c) \\
& \leftrightarrow (x,y) \in (A \times B) - (A \times C) && \text{(차집합의 정의)}
\end{aligned}
$$

이므로 $A \times (B - C) = (A \times B) - (A \times C)$이다. □

연습문제 2.1

1. 집합 $X = \{1, 2\}$와 $Y = \{11, 12, 13, 14\}$에 대하여, 곱집합 $X \times Y$를 구하라.

2. 집합 A, B, C, D에 대하여, 다음이 성립한다는 것을 증명하라.

   (가) $(A \times B) \cap (C \times D) = (A \cap C) \times (B \cap D)$,

   (나) $(A \times B) \cup (C \times D) \subseteq (A \cup C) \times (B \cup D)$.

3. 집합 X와 Y에 대하여, $X \times Y = \emptyset$는 $X = \emptyset \vee Y = \emptyset$이기 위한 필요충분조건인 것을 증명하라.

4. 공집합이 아닌 집합 A, B, C, D에 대하여, 다음이 성립한다는 것을 증명하라.

   (가) $A = C \wedge B = D$는 $A \times B = C \times D$이기 위한 필요충분조건이다.

   (나) $A \subseteq C \wedge B \subseteq D$는 $A \times B \subseteq C \times D$이기 위한 필요충분조건이다.

5. 집합 A, B, C에 대하여,

$$(A \times B) \cap (A^c \times C) = \emptyset$$

   인 것을 증명하라.

2.2 관계

이 절에서는 뒤에 정의될 동치관계, 함수 등 주요 개념에 대한 바탕이 될 관계에 대하여 알아본다.

먼저 다음과 같이 관계를 정의한다.

정의 2.3: 관계

집합 X와 Y에 대하여, 곱집합 $X \times Y$의 부분집합 $\mathscr{R}$은 X에서 Y로 **관계**라고 한다. 만약 $(x, y) \in \mathscr{R}$이면 x는 y와 **$\mathscr{R}$-관계한다**라고 하고 $x\mathscr{R}y$로 나타낸다. 이때 X를 $\mathscr{R}$의 **영역**이라고 하고 Y를 $\mathscr{R}$의 **공역**이라고 한다.

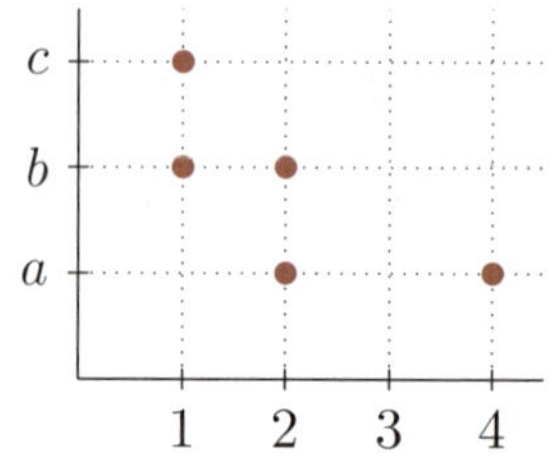

그림 2.2 관계 $\mathscr{R} = \{(1, b), (1, c), (2, a), (2, b), (4, a)\}$

보기 2.2 집합 $X = \{1, 2, 3, 4\}$와 $Y = \{a, b, c\}$에 대하여, 집합

$$\mathscr{R} = \{(1, b), (1, c), (2, a), (2, b), (4, a)\}$$

는 X에서 Y로 관계이다. 그림 2.2에서 관계 $\mathscr{R}$의 좌표도표를 볼 수 있다.

2.2.1 관계의 역관계

관계 $\mathscr{R}$에 대하여, 다음을 정의한다.

정의 2.4: 역관계

집합 X에서 Y로 관계 $\mathscr{R}$에 대하여, 집합 $\{(y, x) \in Y \times X \mid x\mathscr{R}y\}$를 $\mathscr{R}$의 **역관계**라고 하고 $\mathscr{R}^{-1}$로 나타낸다.

위의 정의에서 역관계 $\mathscr{R}^{-1}$은 Y에서 X로 관계이다.

보기 2.3 보기 2.2에 나오는 관계 $\mathscr{R} = \{(1,b),(1,c),(2,a),(2,b),(4,a)\}$에 대하여

$$\mathscr{R}^{-1} = \{(a,2),(a,4),(b,1),(b,2),(c,1)\}$$

이다. 그림 2.3에서 역관계 $\mathscr{R}^{-1}$의 좌표도표를 볼 수 있다.

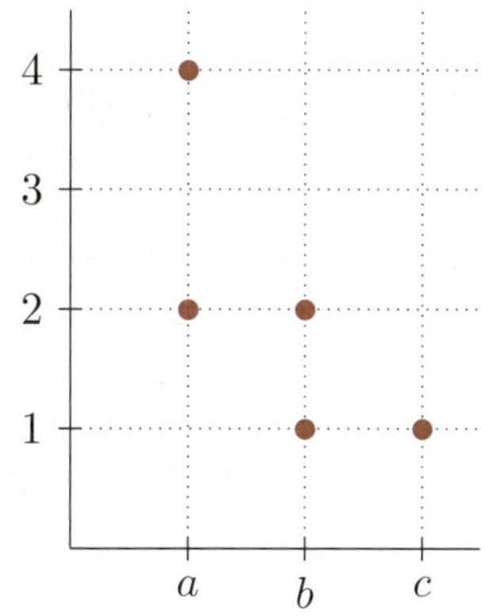

그림 2.3 관계 $\mathscr{R} = \{(1,b),(1,c),(2,a),(2,b),(4,a)\}$의 역관계 $\mathscr{R}^{-1}$

관계 $\mathscr{R}$의 역관계 $\mathscr{R}^{-1}$에 대하여

$$\forall (x,y) \in X \times Y,\ x\mathscr{R}y \ \leftrightarrow\ y\mathscr{R}^{-1}x$$

이므로 다음을 알 수 있다.

정리 2.4: 역관계의 성질

집합 X에서 Y로 관계 $\mathscr{R}$에 대하여, $(\mathscr{R}^{-1})^{-1} = \mathscr{R}$이다.

증명. 순서쌍 $(x,y) \in X \times Y$에 대하여,

$$x(\mathscr{R}^{-1})^{-1}y \ \leftrightarrow\ y\mathscr{R}^{-1}x \ \leftrightarrow\ x\mathscr{R}y$$

이다. □

2.2.2 관계의 합성

집합 X에서 Y로 관계 $\mathscr{R}$과 Y에서 Z로 관계 $\mathscr{S}$에 대하여 다음 관계를 정의한다.

정의 2.5: 관계의 합성

집합 X에서 Y로 관계 $\mathscr{R}$과 Y에서 Z로 관계 $\mathscr{S}$에 대하여, X에서 Z로 관계

$$\{(x,z) \in X \times Z \mid \exists y \in Y,\ x\mathscr{R}y \ \wedge\ y\mathscr{S}z\}$$

를 $\mathscr{R}$와 $\mathscr{S}$의 **합성**이라고 하고 $\mathscr{S} \circ \mathscr{R}$로 나타낸다.

집합 X에서 Y로 관계 $\mathscr{R}$과 Y에서 Z로 관계 $\mathscr{S}$에 대하여, $\mathscr{R}$와 $\mathscr{S}$의 합성 $\mathscr{S} \circ \mathscr{R}$은 X에서 Z로 관계이다. 따라서 합성 $\mathscr{S} \circ \mathscr{R}$의 역관계 $(\mathscr{S} \circ \mathscr{R})^{-1}$는 Z에서 X로 관계이다.

정리 2.5: 관계 합성의 역

집합 X에서 Y로 관계 $\mathscr{R}$과 Y에서 Z로 관계 $\mathscr{S}$에 대하여,

$$(\mathscr{S} \circ \mathscr{R})^{-1} = \mathscr{R}^{-1} \circ \mathscr{S}^{-1}$$

이다.

증명. 원소 $x \in X$와 $z \in Z$에 대하여,

$$\begin{aligned}
(z,x) \in \mathscr{S} \circ \mathscr{R})^{-1} &\leftrightarrow z(\mathscr{S} \circ \mathscr{R})^{-1}x \\
&\leftrightarrow x(\mathscr{S} \circ \mathscr{R})z \\
&\leftrightarrow \exists y \in Y,\ x\mathscr{R}y \ \wedge\ y\mathscr{S}z \\
&\leftrightarrow \exists y \in Y,\ y\mathscr{R}^{-1}x \ \wedge\ z\mathscr{S}^{-1}y \\
&\leftrightarrow z(\mathscr{R}^{-1} \circ \mathscr{S}^{-1})x \\
&\leftrightarrow (z,x) \in \mathscr{R}^{-1} \circ \mathscr{S}^{-1}
\end{aligned}$$

이다. □

예제 2.2 집합 $X=\{1,2,3,4\}, Y=\{a,b,c\}, Z=\{7,8,9\}$에 대한 관계

$$\mathscr{R}=\{(1,b),(1,c),(2,a),(2,b),(4,a)\}, \quad \mathscr{S}=\{(b,7),(b,8),(c,7),(c,9)\}$$

에 대하여 다음을 구하라.

(가) 합성 $\mathscr{S}\circ\mathscr{R}$와 역관계 $(\mathscr{S}\circ\mathscr{R})^{-1}$,
(나) 역관계 $\mathscr{R}^{-1}$, $\mathscr{S}^{-1}$와 합성 $\mathscr{R}^{-1}\circ\mathscr{S}^{-1}$.

풀이. (가) 합성 $\mathscr{S}\circ\mathscr{R}$의 원소를 구하기 위하여 관계 $\mathscr{R}$의 각 원소에 대한 합성 $\mathscr{S}\circ\mathscr{R}$의 원소를 찾아 보자.

(1) $1\mathscr{R}b$이고 $b\mathscr{S}7$, $b\mathscr{S}8$이므로 $1(\mathscr{S}\circ\mathscr{R})7$, $1(\mathscr{S}\circ\mathscr{R})8$이다.

(2) $1\mathscr{R}c$이고 $c\in\mathscr{S}7$, $c\mathscr{S}9$이므로 $1(\mathscr{S}\circ\mathscr{R})7$, $1(\mathscr{S}\circ\mathscr{R})9$이다.

(3) $2\mathscr{R}a$이지만 $\mathscr{S}$의 원소 중에서 첫째 성분이 a인 원소가 존재하지 않으므로, 여기서 $\mathscr{S}\circ\mathscr{R}$의 원소를 찾을 수 없다.

(4) $2\mathscr{R}b$이고 $b\mathscr{S}7$, $b\mathscr{S}8$이므로 $2(\mathscr{S}\circ\mathscr{R})7$, $2(\mathscr{S}\circ\mathscr{R})8$이다.

(5) $4\mathscr{R}a$이지만 $\mathscr{S}$의 원소 중에서 첫째 성분이 a인 원소가 존재하지 않으므로, 여기서 $\mathscr{S}\circ\mathscr{R}$의 원소를 찾을 수 없다.

위의 결과에 따라서

$$\begin{aligned}\mathscr{S}\circ\mathscr{R}&=\{(1,7),(1,8),(1,9),(2,7),(2,8)\},\\(\mathscr{S}\circ\mathscr{R})^{-1}&=\{(7,1),(8,1),(9,1),(7,2),(8,2)\}\end{aligned}$$

이다.

(나) 관계 $\mathscr{R}$과 $\mathscr{S}$의 역관계는 각각

$$\begin{aligned}\mathscr{R}^{-1}&=\{(b,1),(c,1),(a,2),(b,2),(a,4)\}=\{(a,2),(a,4),(b,1),(b,2),(c,1)\},\\\mathscr{S}^{-1}&=\{(7,b),(8,b),(7,c),(9,c)\}=\{(7,b),(7,c),(8,b),(9,c)\}\end{aligned}$$

이므로 $\mathscr{S}^{-1}$와 $\mathscr{R}^{-1}$의 합성은

$$\mathscr{R}^{-1}\circ\mathscr{S}^{-1}=\{(7,1),(7,2),(8,1),(8,2),(9,1)\}$$

이다. □

관계 합성에 대하여 다음과 같이 결합법칙이 성립한다.

정리 2.6: 관계 합성에 대한 결합법칙

집합 X에서 Y로 관계 $\mathscr{R}$과 Y에서 Z로 관계 $\mathscr{S}$와 Z에서 W로 관계 $\mathscr{U}$에 대하여

$$(\mathscr{U} \circ \mathscr{S}) \circ \mathscr{R} = \mathscr{U} \circ (\mathscr{S} \circ \mathscr{R})$$

이다.

증명. 원소 $x \in X$와 $w \in W$에 대하여,

$$\begin{aligned}
(x, w) \in & (\mathscr{U} \circ \mathscr{S}) \circ \mathscr{R} \\
& \leftrightarrow \exists y \in Y,\ x\mathscr{R}y \wedge y(\mathscr{U} \circ \mathscr{S})w \\
& \leftrightarrow \exists y \in Y,\ x\mathscr{R}y \wedge (\exists z \in Z,\ y\mathscr{S}z \wedge z\mathscr{U}w) \\
& \leftrightarrow \exists y \in Y,\ \exists z \in Z,\ x\mathscr{R}y \wedge (y\mathscr{S}z \wedge z\mathscr{U}w) \\
& \leftrightarrow \exists y \in Y,\ \exists z \in Z,\ (x\mathscr{R}y \wedge y\mathscr{S}z) \wedge z\mathscr{U}w \\
& \leftrightarrow \exists z \in Z,\ (\exists y \in Y,\ x\mathscr{R}y \wedge y\mathscr{S}z) \wedge z\mathscr{U}w \\
& \leftrightarrow \exists z \in Z,\ x(\mathscr{S} \circ \mathscr{R})z \wedge z\mathscr{U}w \\
& \leftrightarrow (x, w) \in \mathscr{U} \circ (\mathscr{S} \circ \mathscr{R})
\end{aligned}$$

이다. □

2.2.3 관계의 정의역과 상

관계 $\mathscr{R}$에 대하여, $\mathscr{R}$의 원소들의 첫째 성분들의 집합과 둘째 성분들의 집합을 다음과 같이 정의한다.

정의 2.6: 관계의 정의역과 상

X에서 Y로 관계 $\mathscr{R}$에 대하여, 집합 $\{x \in X \mid \exists y \in Y,\ x\mathscr{R}y\}$를 $\mathscr{R}$의 **정의역**이라고 하고 $\operatorname{dom}\mathscr{R}$로 나타낸다. 또한 집합 $\{y \in Y \mid \exists x \in X,\ x\mathscr{R}y\}$를 $\mathscr{R}$의 **상**이라고 하고 $\operatorname{im}\mathscr{R}$로 나타낸다.

관계의 정의역과 상에 대한 기본성질을 알아보자.

정리 2.7: 관계와 역관계의 정의역과 상

집합 X에서 Y로 관계 $\mathscr{R}$에 대하여,

$$\operatorname{dom}\mathscr{R} = \operatorname{im}\mathscr{R}^{-1}, \qquad \operatorname{im}\mathscr{R} = \operatorname{dom}\mathscr{R}^{-1}$$

이다.

증명. 원소 $x \in X$와 $y \in Y$에 대하여,

$$\begin{aligned} x \in \operatorname{dom}\mathscr{R} &\leftrightarrow \exists y \in Y,\ x\mathscr{R}y \\ &\leftrightarrow \exists y \in Y,\ y\mathscr{R}^{-1}x \\ &\leftrightarrow x \in \operatorname{im}\mathscr{R}^{-1} \end{aligned}$$

그리고

$$\begin{aligned} y \in \operatorname{im}\mathscr{R} &\leftrightarrow \exists x \in X,\ x\mathscr{R}y \\ &\leftrightarrow \exists x \in X,\ y\mathscr{R}^{-1}x \\ &\leftrightarrow y \in \operatorname{dom}\mathscr{R}^{-1} \end{aligned}$$

이다. □

보기 2.4 집합 $X = \{1, 2, 3, 4\}$에서 $Y = \{a, b, c\}$로 관계

$$\mathscr{R} = \{(1, b), (1, c), (2, a), (2, b), (4, a)\}$$

에 대하여,

$$\operatorname{dom}\mathscr{R} = \{1, 2, 4\}, \qquad \operatorname{im}\mathscr{R} = \{a, b, c\}$$

이다. 또한

$$\begin{aligned} \mathscr{R}^{-1} &= \{(b, 1), (c, 1), (a, 2), (b, 2), (a, 4)\} \\ &= \{(a, 2), (a, 4), (b, 1), (b, 2), (c, 1)\} \end{aligned}$$

이므로

$$\operatorname{dom}\mathscr{R}^{-1} = \{a, b, c\}, \qquad \operatorname{im}\mathscr{R}^{-1} = \{1, 2, 4\}$$

이다.

정리 2.8: 관계 합성에 대한 정의역과 상

집합 X에서 Y로 관계 $\mathscr{R}$과 Y에서 Z로 관계 $\mathscr{S}$에 대하여

$$\operatorname{dom}(\mathscr{S} \circ \mathscr{R}) \subseteq \operatorname{dom}\mathscr{R}, \qquad \operatorname{im}(\mathscr{S} \circ \mathscr{R}) \subseteq \operatorname{im}\mathscr{S}$$

이다.

증명. 원소 $x \in X$에 대하여,

$$\begin{aligned} x \in \operatorname{dom}(\mathscr{S} \circ \mathscr{R}) &\leftrightarrow \exists z \in Z,\, x(\mathscr{S} \circ \mathscr{R})z \\ &\leftrightarrow \exists z \in Z,\, (\exists y \in Y,\, x\mathscr{R}y \wedge y\mathscr{S}z) \\ &\leftrightarrow \exists y \in Y,\, (\exists z \in Z,\, x\mathscr{R}y \wedge y\mathscr{S}z) \\ &\rightarrow \exists y \in Y,\, x\mathscr{R}y \\ &\leftrightarrow x \in \operatorname{dom}\mathscr{R} \end{aligned}$$

이다.

$\operatorname{im}(\mathscr{S} \circ \mathscr{R}) \subseteq \operatorname{im}\mathscr{S}$도 같은 방식으로 보일 수 있다. □

연습문제 2.2

1. 집합 $X = \{a, b, c, d\}$에서 집합 $Y = \{1, 2, 3, 4\}$로 관계

$$\mathscr{R} = \{(a, 2), (a, 3), (c, 1), (c, 2), (d, 2)\}$$

와 집합 Y에서 집합 $Z = \{\alpha, \beta, \gamma\}$로 관계

$$\mathscr{S} = \{(1, \beta), (1, \gamma), (3, \alpha), (3, \beta)\}$$

에 대하여, $\mathscr{S} \circ \mathscr{R}$, $(\mathscr{S} \circ \mathscr{R})^{-1}$, $\mathscr{R}^{-1}$, $\mathscr{S}^{-1}$, $\mathscr{R}^{-1} \circ \mathscr{S}^{-1}$를 구하라.

2. 집합 X에서 Y로 관계 $\mathscr{R}_1$과 $\mathscr{R}_2$에 대하여 다음을 증명하라.

(가) $(\mathscr{R}_1 \cup \mathscr{R}_2)^{-1} = \mathscr{R}_1^{-1} \cup \mathscr{R}_2^{-1}$, (나) $(\mathscr{R}_1 \cap \mathscr{R}_2)^{-1} = \mathscr{R}_1^{-1} \cap \mathscr{R}_2^{-1}$,

(다) $(\mathscr{R}_1 - \mathscr{R}_2)^{-1} = \mathscr{R}_1^{-1} - \mathscr{R}_2^{-1}$, (라) $\mathscr{R}_1 \subseteq \mathscr{R}_2 \leftrightarrow \mathscr{R}_1^{-1} \subseteq \mathscr{R}_2^{-1}$.

3. 집합 X에서 Y로 관계 $\mathscr{R}_1$, $\mathscr{R}_2$와 집합 Y에서 Z로 관계 $\mathscr{S}$에 대하여 다음을 증명하라.

(가) $\mathscr{S} \circ (\mathscr{R}_1 \cup \mathscr{R}_2) = (\mathscr{S} \circ \mathscr{R}_1) \cup (\mathscr{S} \circ \mathscr{R}_2)$,

(나) $\mathscr{S} \circ (\mathscr{R}_1 \cap \mathscr{R}_2) \subseteq (\mathscr{S} \circ \mathscr{R}_1) \cap (\mathscr{S} \circ \mathscr{R}_2)$,

(다) $(\mathscr{S} \circ \mathscr{R}_1) - (\mathscr{S} \circ \mathscr{R}_2) \subseteq \mathscr{S} \circ (\mathscr{R}_1 - \mathscr{R}_2)$.

4. 집합 $X = \{a, b, c, d\}$에서 집합 $Y = \{1, 2, 3, 4\}$로 관계

$$\mathscr{R} = \{(a, 2), (a, 3), (c, 1), (c, 2), (d, 2)\}$$

에 대하여, $\mathscr{R}$의 정의역 $\operatorname{dom} \mathscr{R}$과 상 $\operatorname{im} \mathscr{R}$을 구하라.

5. 집합 X에서 Y로 관계 $\mathscr{R}_1$과 $\mathscr{R}_2$에 대하여 다음을 증명하라.

(가) $\operatorname{dom}(\mathscr{R}_1 \cup \mathscr{R}_2) = \operatorname{dom} \mathscr{R}_1 \cup \operatorname{dom} \mathscr{R}_2$,

(나) $\operatorname{im}(\mathscr{R}_1 \cup \mathscr{R}_2) = \operatorname{im} \mathscr{R}_1 \cup \operatorname{im} \mathscr{R}_2$.

6. 집합 X에서 Y로 관계 $\mathscr{R}$과 집합 Y에서 Z로 관계 $\mathscr{S}$에 대하여 $\operatorname{im}(\mathscr{S} \circ \mathscr{R}) \subseteq \operatorname{im} \mathscr{S}$인 것을 증명하라.

2.3 자기관계

집합 X에서 원소 사이의 관계를 나타내기 위하여, X에서 X로 관계를 다음과 같이 정의한다.

정의 2.7: 집합에서 자기관계

집합 X에 대하여, X에서 X로 관계를 X에서 **자기관계**라고 한다.

예제 2.3 집합 $X = \{1, 2, 3, 4\}$에서 자기관계 $\mathscr{R}$에 대하여, a는 b의 약수임이 $a\mathscr{R}b$로 나타날 때 자기관계 $\mathscr{R}$을 구하라.

풀이. 자기관계 $\mathscr{R}$에 대하여,

(가) 1의 약수는 1뿐이므로 $1\mathscr{R}1$이고,

(나) 2의 약수는 $1, 2$뿐이므로 $1\mathscr{R}2$이고 $2\mathscr{R}2$이고,

(다) 3의 약수는 $1, 3$뿐이므로 $1\mathscr{R}3$이고 $3\mathscr{R}3$이고,

(라) 4의 약수는 $1, 2, 4$뿐이므로 $1\mathscr{R}4$이고 $2\mathscr{R}4$이고 $4\mathscr{R}4$이다.

따라서 $\mathscr{R} = \{(1,1), (1,2), (2,2), (1,3), (3,3), (1,4), (2,4), (4,4)\}$이다. □

집합에서 자기관계를 성질에 따라서 다음과 같이 분류한다.

정의 2.8: 자기관계의 분류

집합 X에서 자기관계 $\mathscr{R}$에 대하여 다음을 정의한다.

(가) $\forall x \in X, x\mathscr{R}x$이면 $\mathscr{R}$은 **반사적**이라고 한다.

(나) $\forall x \in X, \forall y \in X, x\mathscr{R}y \to y\mathscr{R}x$이면 $\mathscr{R}$은 **대칭적**이라고 한다.

(다) $\forall x \in X, \forall y \in X, (x\mathscr{R}y \wedge y\mathscr{R}x) \to x = y$이면 $\mathscr{R}$은 **반대칭적**이라고 한다.

(라) $\forall x \in X, \forall y \in X, \forall z \in X, (x\mathscr{R}y \wedge y\mathscr{R}z) \to x\mathscr{R}z$이면 $\mathscr{R}$은 **추이적**이라고 한다.

자기관계 $\mathscr{R}$이 반대칭적일 경우에는 정의에 따라서

$$\forall x \in X, \forall y \in X, x \neq y \rightarrow (\sim (x\mathscr{R}y) \vee \sim (y\mathscr{R}x))$$

이다. 따라서 $x \neq y$인 원소 $x, y \in X$에 대하여 $x\mathscr{R}y$이면 $\sim (y\mathscr{R}x)$이다.

자기관계의 성질을 살펴보기 위하여 다음을 정의하자.

정의 2.9: 대각관계

집합 X에 대하여, $\{(x,x) \in X \times X \mid x \in X\}$를 X에서 **대각관계**라고 하고 $\mathcal{I}_X$로 나타낸다.[a]

[a]대각관계를 **항등관계**라고도 한다.

집합 X에 대한 대각관계는 그림 2.4에서와 같이 나타난다.

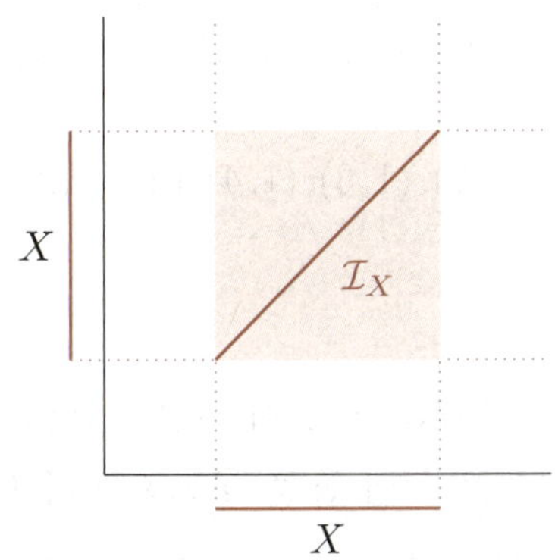

그림 2.4 집합 X에서 대각관계

예제 2.4 집합 $X = \{1, 2, 3, 4\}$에서 대각관계 $\mathcal{I}_X$를 구하라.

풀이. 집합 $X = \{1, 2, 3, 4\}$에 대하여, X의 대각관계는

$$\mathcal{I}_X = \{(1,1), (2,2), (3,3), (4,4)\}$$

이다. □

집합 X에서 자기관계 $\mathscr{R}$에 대하여, $\mathscr{R}$의 역관계는 $\mathscr{R}^{-1} = \{(y,x) \in X \times X \mid x\mathscr{R}y\}$

이고 $\mathscr{R}$의 합성은

$$\mathscr{R} \circ \mathscr{R} = \{(x, z) \in X \times X \mid \exists y \in X,\, x\mathscr{R}y \wedge y\mathscr{R}z\}$$

이다.

예제 2.5 집합 $X = \{1, 2, 3, 4\}$에서 자기관계

$$\mathscr{R} = \{(1,1), (1,2), (2,2), (1,3), (3,3), (1,4), (2,4), (4,4)\}$$

의 역관계 $\mathscr{R}^{-1}$와 합성 $\mathscr{R} \circ \mathscr{R}$을 구하라.

풀이. 자기관계 $\mathscr{R}$의 역관계는

$$\mathscr{R}^{-1} = \{(1,1), (2,1), (2,2), (3,1), (3,3), (4,1), (4,2), (4,4)\}$$

이고 자기관계 $\mathscr{R}$의 합성은

$$\mathscr{R} \circ \mathscr{R} = \{(1,1), (1,2), (1,3), (1,4), (2,2), (2,4), (3,3), (4,4)\}$$

이다. □

집합 X에서 자기관계 $\mathscr{R}$에 대하여, $\mathscr{R}$의 성질을 분류하기 위하여 X의 대각관계 $\mathcal{I}_X$와 $\mathscr{R}$의 역관계 $\mathscr{R}^{-1}$ 그리고 $\mathscr{R}$의 합성 $\mathscr{R} \circ \mathscr{R}$을 이용할 수 있다.

정리 2.9: 자기관계의 성질판별

집합 X에서 자기관계 $\mathscr{R}$에 대하여 다음이 성립한다.

(가) $\mathcal{I}_X \subseteq \mathscr{R}$은 $\mathscr{R}$이 반사적이기 위한 필요충분조건이다.

(나) $\mathscr{R} = \mathscr{R}^{-1}$은 $\mathscr{R}$이 대칭적이기 위한 필요충분조건이다.

(다) $\mathscr{R} \cap \mathscr{R}^{-1} \subseteq \mathcal{I}_X$는 $\mathscr{R}$이 반대칭적이기 위한 필요충분조건이다.

(라) $\mathscr{R} \circ \mathscr{R} \subseteq \mathscr{R}$은 $\mathscr{R}$이 추이적이기 위한 필요충분조건이다.

증명. (가) $\mathcal{I}_X \subseteq \mathscr{R}$이라고 가정하자. 그러면 모든 $x \in X$에 대하여 $(x, x) \in \mathcal{I}_X \subseteq \mathscr{R}$이므로 $\mathscr{R}$은 반사적이다.

역으로 $\mathscr{R}$이 반사적이라고 가정하자. 그러면 임의의 원소 $(x, y) \in X \times X$에 대하여

$$\begin{aligned} (x, y) \in \mathcal{I}_X &\leftrightarrow x = y && (\mathcal{I}_X\text{의 정의}) \\ &\rightarrow (x, y) \in \mathscr{R} && (\text{가정: } \mathscr{R}\text{은 반사적}) \end{aligned}$$

이므로 $\mathcal{I}_X \subseteq \mathscr{R}$이다.

(나) $\mathscr{R} = \mathscr{R}^{-1}$라고 가정하자. 그러면 임의의 원소 $(x, y) \in \mathscr{R}$에 대하여 $(x, y) \in \mathscr{R} = \mathscr{R}^{-1}$이므로 $(y, x) \in \mathscr{R}$이다. 따라서 $\mathscr{R}$는 대칭적이다.

역으로 $\mathscr{R}$이 대칭적이라고 가정하자. 그러면 임의의 원소 $(x, y) \in X \times X$에 대하여

$$\begin{aligned} (x, y) \in \mathscr{R} &\leftrightarrow (y, x) \in \mathscr{R} && (\text{가정: } \mathscr{R}\text{은 대칭적}) \\ &\leftrightarrow (x, y) \in \mathscr{R}^{-1} && (\mathscr{R}^{-1}\text{의 정의}) \end{aligned}$$

이므로 $\mathscr{R} = \mathscr{R}^{-1}$이다.

(다) $\mathscr{R} \cap \mathscr{R}^{-1} \subseteq \mathcal{I}_X$라고 가정하자. 그러면 임의의 원소 $(x, y) \in X \times X$에 대하여

$$\begin{aligned} (x, y) \in \mathscr{R} \wedge (y, x) \in \mathscr{R} &\leftrightarrow (x, y) \in \mathscr{R} \wedge (x, y) \in \mathscr{R}^{-1} && (\mathscr{R}^{-1}\text{의 정의}) \\ &\leftrightarrow (x, y) \in \mathscr{R} \cap \mathscr{R}^{-1} && (\text{교집합의 정의}) \\ &\rightarrow x = y && (\text{가정: } \mathscr{R} \cap \mathscr{R}^{-1} \subseteq \mathcal{I}_X) \end{aligned}$$

이므로 $\mathscr{R}$은 반대칭적이다.

역으로 $\mathscr{R}$이 반대칭적이라고 가정하자. 그러면 임의의 원소 $(x, y) \in X \times X$에 대하여

$$\begin{aligned} (x, y) \in \mathscr{R} \cap \mathscr{R}^{-1} &\leftrightarrow (x, y) \in \mathscr{R} \wedge (x, y) \in \mathscr{R}^{-1} && (\text{교집합의 정의}) \\ &\leftrightarrow (x, y) \in \mathscr{R} \wedge (y, x) \in \mathscr{R} && (\mathscr{R}^{-1}\text{의 정의}) \\ &\rightarrow x = y && (\text{가정: } \mathscr{R}\text{은 반대칭적}) \\ &\leftrightarrow (x, y) \in \mathcal{I}_X && (\mathcal{I}_X\text{의 정의}) \end{aligned}$$

이므로 $\mathscr{R} \cap \mathscr{R}^{-1} \subseteq \mathcal{I}_X$이다.

(라) $\mathscr{R} \circ \mathscr{R} \subseteq \mathscr{R}$이라고 가정하자. 임의의 원소 $(x, y), (y, z) \in X \times X$에 대하여

$$\begin{aligned} (x, y) \in \mathscr{R} \wedge (y, z) \in \mathscr{R} &\rightarrow (x, z) \in \mathscr{R} \circ \mathscr{R} && (\mathscr{R} \circ \mathscr{R}\text{의 정의}) \\ &\rightarrow (x, z) \in \mathscr{R} && (\text{가정: } \mathscr{R} \circ \mathscr{R} \subseteq \mathscr{R}) \end{aligned}$$

이므로 $\mathscr{R}$은 추이적이다.

역으로 $\mathscr{R}$이 추이적이라고 가정하자. 그러면 임의의 원소 $(x, y) \in X \times X$에 대

하여

$$\begin{aligned}(x,y)\in\mathscr{R}\cap\mathscr{R} &\leftrightarrow \exists z\in X,\,(x,z)\in\mathscr{R}\wedge(z,y)\in\mathscr{R} && (\mathscr{R}\circ\mathscr{R}\text{의 정의})\\ &\rightarrow (x,y)\in\mathscr{R} && (\text{가정: }\mathscr{R}\text{은 추이적})\end{aligned}$$

이므로 $\mathscr{R}\circ\mathscr{R}\subseteq\mathscr{R}$이다. □

2.3.1 동치관계

같음을 일반화한 다음의 자기관계를 정의한다.

정의 2.10: 동치관계

집합 X에서 자기관계 $\mathscr{R}$에 대하여, $\mathscr{R}$이 반사적이고 대칭적이고 추이적이면 $\mathscr{R}$은 **동치관계**라고 한다.

보기 2.5 공집합이 아닌 집합 X에 대하여, $X\times X$는 X에서 동치관계이다.

예제 2.6 공집합이 아닌 집합 X에서 대각관계

$$\mathcal{I}_X=\{(x,x)\in X\times X\,|\,x\in X\}$$

가 동치관계인 것을 증명하라.

풀이. 모든 $x\in X$에 대하여, $x\mathcal{I}_Xx$이므로 $\mathcal{I}_X$는 반사적이다. 모든 $x,y\in X$에 대하여

$$\begin{aligned}x\mathcal{I}_Xy &\rightarrow x=y\\ &\rightarrow y\mathcal{I}_Xx\end{aligned}$$

이므로 $\mathcal{I}_X$는 대칭적이다. 모든 $x,y,z\in X$에 대하여

$$\begin{aligned}x\mathcal{I}_Xy\wedge y\mathcal{I}_Xz &\rightarrow x=y\wedge y=z\\ &\rightarrow x=z\\ &\rightarrow x\mathcal{I}_Xz\end{aligned}$$

이므로 $\mathcal{I}_X$는 추이적이다. 대각관계 $\mathcal{I}_X$는 반사적이고 대칭적이며 추이적이므로 $\mathcal{I}_X$는 동치관계이다. □

공집합이 아닌 집합 X에서 동치관계 $\mathscr{R}$에 대하여, $\mathscr{R}$이 반사적이므로 $\mathcal{I}_X \subseteq \mathscr{R}$이고 또한 $\mathscr{R} \subseteq X \times X$이므로

$$\mathcal{I}_X \subseteq \mathscr{R} \subseteq X \times X$$

이다.

2.3.2 순서관계

두 실수 사이의 순서를 일반화하여 다음을 정의한다.

정의 2.11: 순서관계

집합 X에서 자기관계 $\mathscr{R}$에 대하여, $\mathscr{R}$이 반사적이고 반대칭적이고 추이적이면 $\mathscr{R}$은 **순서관계**라고 한다.

예제 2.7 모든 실수의 집합 $\mathbb{R}$에 대하여,

$$\mathscr{O} = \{(x, y) \in \mathbb{R} \times \mathbb{R} \,|\, x \leq y\}$$

은 $\mathbb{R}$에서 순서관계인 것을 증명하라.

풀이. 모든 실수 $x \in \mathbb{R}$에 대하여 $x \leq x$ 즉, $x\mathscr{O}x$이므로 $\mathscr{O}$는 반사적이다. 모든 실수 $x, y \in \mathbb{R}$에 대하여

$$\begin{aligned} x\mathscr{O}y \wedge y\mathscr{O}x &\rightarrow x \leq y \wedge y \leq x \\ &\rightarrow x = y \end{aligned}$$

이므로 $\mathscr{O}$는 반대칭적이다. 모든 실수 $x, y, z \in \mathbb{R}$에 대하여

$$\begin{aligned} x\mathscr{O}y \wedge y\mathscr{O}z &\rightarrow x \leq y \wedge y \leq z \\ &\rightarrow x \leq z \\ &\rightarrow x\mathscr{O}z \end{aligned}$$

이므로 $\mathscr{O}$는 추이적이다. 관계 $\mathscr{O}$가 반사적, 반대칭적, 추이적이므로 $\mathscr{O}$는 순서관계이다. □

순서관계를 $\le$로 나타내는 경우가 많다.

정의 2.12: 부분순서집합과 전순서집합

집합 X와 X에 정의된 순서관계 $\le$에 대하여, 집합 $(X, \le)$를 **부분순서집합**이라고 한다. 이때 모든 원소 $x, y \in X$에 대하여, $x \le y$ 또는 $y \le x$이면 집합 $(X, \le)$는 **전순서집합**이라고 한다.

정의 2.13: 사슬

부분순서집합 $(X, \le)$에 대하여, 전순서 부분집합 C를 $(X, \le)$의 **사슬**이라고 한다.

연습문제 2.3

1. 정수 전체의 집합 $\mathbb{Z}$에 대한 집합 $X = \mathbb{Z} \times (\mathbb{Z} - \{0\})$에서 관계

$$\mathscr{R} = \{((a, b), (c, d)) \in X \times X \mid ad = bc\}$$

에 대하여, 관계 $\mathscr{R}$이 동치관계인 것을 증명하라.

2. 집합 X에서 자기관계 $\mathscr{R}$에 대하여, 다음을 증명하라.

(가) $\mathscr{R}$이 동치관계임은 $\mathscr{R}^{-1}$이 동치관계이기 위한 필요충분조건이다.

(나) $\mathscr{R}$이 순서관계임은 $\mathscr{R}^{-1}$이 순서관계이기 위한 필요충분조건이다.

3. 집합 X에서 자기관계 $\mathscr{R}$에 대하여, $\mathscr{R}$이 동치관계이면 $\mathscr{R} \circ \mathscr{R} = \mathscr{R}$인 것을 증명하라.

4. 집합 X에서 동치관계 $\mathscr{E}_1, \mathscr{E}_2$에 대하여, $\mathscr{E}_2 \circ \mathscr{E}_1 = \mathscr{E}_1 \circ \mathscr{E}_2$는 $\mathscr{E}_2 \circ \mathscr{E}_1$이 동치관계이기 위한 필요충분조건인 것을 증명하라.

5. 집합 X에서 자기관계 $\mathscr{R}$에 대하여,

$$\mathscr{R} \circ \mathscr{R} = \mathscr{R} \;\wedge\; \mathscr{R} \cap \mathscr{R}^{-1} = \mathcal{I}_X$$

는 $\mathscr{R}$이 순서관계이기 위한 필요충분조건인 것을 증명하라. 여기서 $\mathcal{I}_X$는 집합 X에서 대각관계이다.

6. 집합 X와 첨수집합 I에 대하여 $\mathscr{R}_i$가 X에서 관계일 때 다음을 증명하라.

(가) 모든 $i \in I$에 대하여 $\mathscr{R}_i$가 동치관계이면 $\bigcap_{i \in I} \mathscr{R}_i$도 동치관계이다.

(나) 모든 $i \in I$에 대하여 $\mathscr{R}_i$가 순서관계이면 $\bigcap_{i \in I} \mathscr{R}_i$도 순서관계이다.

2.4 분할과 동치관계

이 절에서 집합에서 동치관계에 대하여 자세히 살펴본다. 동치관계를 이해하기 위하여 다음을 정의한다.

정의 2.14: 집합의 분할

공집합이 아닌 집합 X에 대하여,

(가) $\forall A \in \mathcal{P},\ A \neq \emptyset$,

(나) $\forall A \in \mathcal{P}, \forall B \in \mathcal{P},\ A \cap B = \emptyset \vee A = B$,

(다) $\displaystyle\bigcup_{A \in \mathcal{P}} A = X$

인 X의 부분집합들의 집합족 $\mathcal{P}$는 X의 **분할**이라고 한다.

직관적으로 이해하면, 분할은 집합을 서로 겹치지 않게 나눔인 것을 알 수 있다.

보기 **2.6** 집합 $X = \{1, 2, 3, 4, 5, 6\}$에 대하여,

$$A = \{1, 2, 3\}, \quad B = \{4\}, \quad C = \{5, 6\}$$

일 때 집합족 $\mathcal{P} = \{A, B, C\}$는 X의 분할이다. 그림 2.5에서 분할 $\mathcal{P}$를 확인할 수 있다.

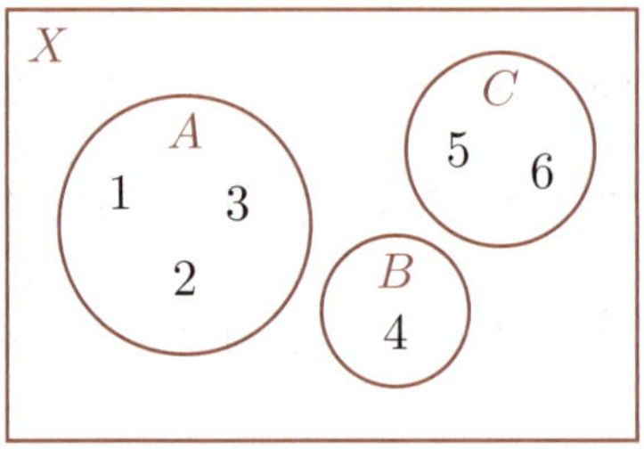

그림 2.5 집합 $X = \{1, 2, 3, 4, 5, 6\}$의 분할 $\mathcal{P} = \{A, B, C\}$

집합의 분할과 집합에서 동치관계는 서로 매우 밀접하게 관련된다. 이를 확인하기 위하여 집합에서 동치관계에 대하여 다음을 정의한다.

정의 2.15: 동치류

공집합이 아닌 집합 X에서 동치관계 $\mathscr{E}$와 $x \in X$에 대하여, 집합 $\{y \in X \mid y\mathscr{E}x\}$를 **법 $\mathscr{E}$에 대한 x의 동치류**라고 하고 $\mathscr{E}x$로 나타낸다.[a]

[a]동치류 $\mathscr{E}x$를 $x/\mathscr{E}$ 또는 $[x]$로 나타내기도 한다.

집합족 $\{\mathscr{E}x \mid x \in X\}$는 집합 X에서 모든 동치류를 원소로 하는 집합족이다. 집합에서 동치관계에 대한 동치류에 대하여 다음을 확인할 수 있다.

정리 2.10: 동치류의 성질

공집합이 아닌 집합 X에서 동치관계 $\mathscr{E}$에 대하여,

$$\forall x \in X, \forall y \in X,\ x\mathscr{E}y \leftrightarrow \mathscr{E}x = \mathscr{E}y$$

이다.

증명. $x\mathscr{E}y$라고 가정하자. 그러면 모든 $z \in X$에 대하여

$$\begin{aligned} z \in \mathscr{E}x &\leftrightarrow z\mathscr{E}x && (\mathscr{E}x\text{의 정의}) \\ &\leftrightarrow z\mathscr{E}y && (x\mathscr{E}y\text{이고 } \mathscr{E}\text{는 대칭적이고 추이적}) \\ &\leftrightarrow z \in \mathscr{E}y && (\mathscr{E}y\text{의 정의}) \end{aligned}$$

이므로, $\mathscr{E}x = \mathscr{E}y$이다.

$\mathscr{E}x = \mathscr{E}y$라고 가정하자. 동치관계 $\mathscr{E}$는 반사적이므로 $x\mathscr{E}x$ 즉, $x \in \mathscr{E}x$이다. 가정에 따라서 $\mathscr{E}x = \mathscr{E}y$이므로 $x \in \mathscr{E}y$ 즉, $x\mathscr{E}y$이다. □

집합에서 동치관계가 관련된 분할을 만듬을 다음 정리에서 확인할 수 있다.

정리 2.11: 모든 동치류 집합의 분할성

공집합이 아닌 집합 X에서 자기관계 $\mathscr{E}$에 대하여, $\mathscr{E}$가 동치관계이면 집합족 $\{\mathscr{E}x \mid x \in X\}$는 X의 분할이다.

증명. 동치류의 정의 $\mathscr{E}x = \{y \in X \mid y\mathscr{E}x\}$에 따라서 $\mathscr{E}x$는 X의 부분집합들의 집합족이다.

(가) 임의의 동치류 $\mathscr{E}x$에 대하여, $x\mathscr{E}x$이므로 $x \in \mathscr{E}x$이다. 따라서 $\mathscr{E}x \neq \emptyset$이다.

(나) 임의의 동치류 $\mathscr{E}x$와 $\mathscr{E}y$에 대하여 $\mathscr{E}x \cap \mathscr{E}y \neq \emptyset$이라고 가정하자. 그러면 $z \in \mathscr{E}x \cap \mathscr{E}y$이 존재한다. $z \in \mathscr{E}x$이므로 $z\mathscr{E}x$이고 $z \in \mathscr{E}y$이므로 $z\mathscr{E}y$이다. 따라서 $z\mathscr{E}x$이고 $z\mathscr{E}y$이고 $\mathscr{E}$가 대칭적이고 추이적이므로 $x\mathscr{E}y$이다. 정리 2.10에 따라서 $\mathscr{E}x = \mathscr{E}y$이다.

(다) 임의의 원소 $x \in X$를 택하자. 그러면 $x\mathscr{E}x$이므로

$$x \in \mathscr{E}x \subseteq \bigcup_{y \in X} \mathscr{E}y$$

이다. 따라서 $X \subseteq \bigcup_{y \in X} \mathscr{E}y$이다. 한편 $\bigcup_{y \in X} \mathscr{E}y \subseteq X$이므로 $X = \bigcup_{y \in X} \mathscr{E}y$이다. □

위 정리의 역도 성립한다는 것을 확인하기 위하여 다음을 정의한다.

정의 2.16: 분할에 대한 자기관계

공집합이 아닌 집합 X와 그 분할 $\mathcal{P}$에 대하여, 집합 X에서 $\mathcal{P}$에 대한 자기관계 $\mathscr{E}^{\mathcal{P}}$를 $\mathscr{E}^{\mathcal{P}} = \{(x, y) \in X \times X \mid \exists A \in \mathcal{P},\, x \in A \wedge y \in A\}$로 정의한다.

정리 2.12: 분할에 대한 자기관계의 동치관계성

공집합이 아닌 집합 X와 그 분할 $\mathcal{P}$에 대하여, 자기관계 $\mathscr{E}^{\mathcal{P}}$는 X에서 동치관계이고

$$\{\mathscr{E}^{\mathcal{P}}{}_x \mid x \in X\} = \mathcal{P}$$

이다.

증명. (가) 임의의 원소 $x \in X$에 대하여, $x \in A$인 부분집합 $A \in \mathcal{P}$가 존재하므로 $x\mathscr{E}^{\mathcal{P}}x$이다. 따라서 $\mathscr{E}^{\mathcal{P}}$는 반사적이다.

(나) 임의의 원소 $x, y \in X$에 대하여,

$$\begin{aligned} x\mathscr{E}^{\mathcal{P}}y &\leftrightarrow \exists A \in \mathcal{P},\, x \in A \wedge y \in A \\ &\leftrightarrow \exists A \in \mathcal{P},\, y \in A \wedge x \in A \\ &\leftrightarrow y\mathscr{E}^{\mathcal{P}}x \end{aligned}$$

이다. 따라서 $\mathscr{E}^{\mathcal{P}}$는 대칭적이다.

(다) 임의의 원소 $x, y, z \in X$에 대하여,

$$\begin{aligned} & x\mathscr{E}^{\mathcal{P}}y \wedge y\mathscr{E}^{\mathcal{P}}z \\ & \qquad \leftrightarrow\ (\exists A \in \mathcal{P}, x \in A \wedge y \in A) \wedge (\exists B \in \mathcal{P}, y \in B \wedge z \in B) \\ & \qquad \rightarrow\ \exists A \in \mathcal{P}, x \in A \wedge z \in A \qquad (y \in A \cap B\text{이므로 } A = B) \\ & \qquad \leftrightarrow\ x\mathscr{E}^{\mathcal{P}}z \end{aligned}$$

이다. 따라서 $\mathscr{E}^{\mathcal{P}}$는 추이적이다.

위의 (가), (나), (다)에 따라서 X에서 자기관계 $\mathscr{E}^{\mathcal{P}}$는 동치관계이다.

이제 $\{\mathscr{E}^{\mathcal{P}}{}_x \,|\, x \in X\} \subseteq \mathcal{P}$를 보이기 위하여, 임의의 원소 $\mathscr{E}^{\mathcal{P}}{}_x \in \{\mathscr{E}^{\mathcal{P}}{}_x \,|\, x \in X\}$를 택하면

$$\begin{aligned} \mathscr{E}^{\mathcal{P}}x &= \{y \in X \,|\, y\mathscr{E}^{\mathcal{P}}x\} \\ &= \{y \in X \,|\, \exists A \in \mathcal{P}, x \in A \wedge y \in A\} \\ &\in \mathcal{P} \end{aligned}$$

이므로 $\{\mathscr{E}^{\mathcal{P}}{}_x \,|\, x \in X\} \subseteq \mathcal{P}$이다. 역으로 $\mathcal{P} \subseteq \{\mathscr{E}^{\mathcal{P}}{}_x \,|\, x \in X\}$를 보이기 위하여, 임의의 원소 $A \in \mathcal{P}$를 택하면 $x \in A$가 존재하고

$$\begin{aligned} A &= \{y \in X \,|\, \exists B \in \mathcal{P}, x \in B \wedge y \in B\} \\ &= \{y \in X \,|\, y\mathscr{E}^{\mathcal{P}}x\} \\ &= \mathscr{E}^{\mathcal{P}}x \\ &\in \{\mathscr{E}^{\mathcal{P}}{}_x \,|\, x \in X\} \end{aligned}$$

이므로 $\mathcal{P} \subseteq \{\mathscr{E}^{\mathcal{P}}{}_x \,|\, x \in X\}$이다. 따라서 $\{\mathscr{E}^{\mathcal{P}}{}_x \,|\, x \in X\} \subseteq \mathcal{P}$이고 $\mathcal{P} \subseteq \{\mathscr{E}^{\mathcal{P}}{}_x \,|\, x \in X\}$이므로 $\mathcal{P} = \{\mathscr{E}^{\mathcal{P}}{}_x \,|\, x \in X\}$이다. □

보기 2.7 집합 $X = \{1, 2, 3, 4, 5\}$에서 $A = \{1, 2\}$, $B = \{3\}$, $C = \{4, 5\}$일 때 $\mathcal{P} = \{A, B, C\}$는 X의 분할이다. 이때 분할 $\mathcal{P}$에 대한 동치관계는

$$\mathscr{E}^{\mathcal{P}} = \{(1,1), (2,2), (1,2), (2,1), (3,3), (4,4), (5,5), (4,5), (5,4)\}$$

이고, 동치관계 $\mathscr{E}^{\mathcal{P}}$에 대한 분할은 $\mathcal{P}$이다.

연습문제 2.4

1. 집합 $X = \{0, 1, 2, 3, 4, 5\}$와 집합족 $\mathcal{P} = \{\{0, 1, 2\}, \{3\}, \{4, 5\}\}$에 대하여, 다음 물음에 답하라.

   (가) 집합족 $\mathcal{P}$가 X의 분할인 것을 증명하라.

   (나) 집합 X에서 $\mathcal{P}$에 대한 동치관계 $\mathscr{E}^{\mathcal{P}}$를 원소나열법으로 나타내라.

2. 양의 정수 m과 모든 정수의 집합 $\mathbb{Z}$에 대하여,

$$\exists k \in \mathbb{Z},\ a - b = km$$

   이면 법 m에 대해 a는 b와 **합동**이라고 하고 $a \equiv b \pmod{m}$로 나타낸다. 다음 물음에 답하라.

   (가) 합동이 $\mathbb{Z}$에서 동치관계인 것을 증명하라.

   (나) $m = 3$일 때, 동치류 $[0], [1], [2]$를 각각 원소나열법으로 나타내라.

3. 공집합이 아닌 집합 X에서 분할 $\mathcal{P}$에 대한 동치관계 $\mathscr{E}^{\mathcal{P}}$에 대하여, 다음 물음에 답하라.

   (가) 동치관계 $\mathscr{E}^{\mathcal{P}}$에 대하여,

$$\mathscr{E}^{\mathcal{P}} = \bigcup_{A \in \mathcal{P}} A \times A$$

   인 것을 증명하라.

   (나) 만약 $\mathcal{P} = \{A, B, C\}$이고 $|A| = 3,\ |B| = 2,\ |C| = 4$일 때, $|\mathscr{E}^{\mathcal{P}}|$를 구하라.

4. 공집합이 아닌 집합 X와 Y에 대하여, $\{X_i\}_{i \in I}$가 X의 분할이고 $\{Y_j\}_{j \in J}$가 Y의 분할이면 $\{X_i \times Y_j\}_{(i,j) \in I \times J}$는 $X \times Y$의 분할인 것을 증명하라.

2.5 함수

함수는 논리와 집합과 함께 수학의 기본 구성요소이다. 이 절에서 함수의 정의와 기본적인 성질을 살펴 본다.

2.5.1 함수의 정의

집합 X의 각각의 원소 x에 집합 Y의 원소 y를 대응시킴을 다음과 같이 정의한다.

정의 2.17: 함수

집합 X에서 Y로 관계 f에 대하여,

(가) $\operatorname{dom} f = X$,

(나) $\forall x \in X, \forall y_1 \in Y, \forall y_2 \in Y, (x, y_1) \in f \wedge (x, y_2) \in f \rightarrow y_1 = y_2$

이면 삼중쌍 (f, X, Y)는 집합 X에서 집합 Y로 **함수**라고 하고 $f\colon X \rightarrow Y$로 나타낸다. 이때 집합 X를 함수 f의 **정의역**이라고 하고 집합 Y를 함수 f의 **공역**이라고 하며 집합 $f(X) = \{f(x) \in Y : x \in X\}$를 함수 f의 **치역**이라고 한다. 또한 $(x, y) \in f$를 $y = f(x)$로 나타내며 y를 f에 대한 x의 **상**이라고 한다.

위의 함수 $f\colon X \rightarrow Y$의 정의에서, (가)에 따라서 모든 $x \in X$에 대하여, $y = f(x)$인 원소 $y \in Y$가 존재하고, (나)에 따라서 이런 y가 유일하게 존재한다. 따라서

$$\text{모든 } x \in X\text{에 대하여, } y = f(x)\text{인 } y \in Y\text{가 유일하게 존재한다}$$

이면 $f\colon X \rightarrow Y$는 함수이다. 정의역과 공역이 분명한 경우 함수 $f\colon X \rightarrow Y$를 f로 나타내기도 한다.

예제 2.8 전체집합 $U = \{1, 2, 3, 4, 5, 6\}$와 집합 $X = \{1, 2, 3\}$, $Y = \{3, 4, 5, 6\}$에 대하여, 다음이 집합 X에서 Y로 함수인지 판별하라.

(가) $f = \{(1, 3), (2, 4), (2, 5), (3, 6)\}$,　(나) $f = \{(2, 4), (3, 6)\}$,

(다) $f = \{(1, 3), (2, 4), (3, 6)\}$,　(라) $f = \{(1, 1), (2, 4), (3, 6)\}$.

풀이. (가) $(2, 4) \in f$이고 $(2, 5) \in f$이므로 $(2, 4) \in f \wedge (2, 5) \in f \wedge (4 \neq 5)$인 원소 $2 \in X$와 $4, 5 \in Y$가 존재한다. 따라서 원소 $2 \in X$에 대응하는 서로 다른 두 원소 $4, 5 \in Y$가 존재하므로 삼중쌍 (f, X, Y)는 함수가 아니다.

(나) 원소 $1 \in X$와 모든 $y \in Y$에 대하여 $(1, y) \notin f$이므로 삼중쌍 (f, X, Y)는 함수가 아니다.

(다) 모든 $x \in X$에 대하여, $y = f(x)$인 $y \in Y$가 유일하게 존재하므로 f는 함수이다.

(라) $1 \in X$에 대하여, $1 = f(1)$이 Y에 존재하지 않으므로 삼중쌍 (f, X, Y)는 함수가 아니다. □

함수 $f\colon X \to Y$에 대하여 $\operatorname{im} f \subseteq Y$이다. 이 성질을 유지하면 함수의 공역을 다음과 같이 변경할 수 있다.

정리 2.13: 함수의 공역과 치역

함수 $f\colon X \to Y$와 집합 W에 대하여, $\operatorname{im} f \subseteq W$이면 $f\colon X \to W$는 함수이다.

증명. 먼저 f가 X에서 W로 관계인 것을 보이자. 전체집합 U에 대한 임의의 원소 $(x, y) \in U \times U$에 대하여

$$\begin{aligned}(x,y) \in f \;&\leftrightarrow\; x \in X \wedge y \in \operatorname{im} f \qquad (f\text{는 함수})\\ &\rightarrow\; x \in X \wedge y \in W \qquad (\operatorname{im} f \subseteq W)\\ &\leftrightarrow\; (x,y) \in X \times W\end{aligned}$$

이므로 $f \subseteq X \times W$ 즉, f는 X에서 W로 관계이다. 또한 $f\colon X \to Y$가 함수이므로 $\operatorname{dom} f = X$이고

$$\forall x \in X,\ \forall y_1 \in Y,\ \forall y_2 \in Y,\ (x, y_1) \in f \wedge (x, y_2) \in f \rightarrow y_1 = y_2$$

이다. 그런데 $\operatorname{im} f \subseteq W$이므로

$$\forall x \in X,\ \forall y_1 \in W,\ \forall y_2 \in W,\ (x, y_1) \in f \wedge (x, y_2) \in f \rightarrow y_1 = y_2$$

이다. 따라서 $f\colon X \to W$는 함수이다. □

함수 $f_1\colon X_1 \to Y_1$과 $f_2\colon X_2 \to Y_2$가 같으려면 두함수의 정의역과 공역이 같아야 하고 또한 관계로서 $f_1 = f_2$이어야 한다. 다시 말하면

$$X_1 = X_2, \quad Y_1 = Y_2, \quad f_1 = f_2$$

이 두 함수 $f_1\colon X_1 \to Y_1$과 $f_2\colon X_2 \to Y_2$가 같기 위한 필요충분조건이다. 따라서 정의역과 공역이 같은 두 함수 $f\colon X \to Y$과 $g\colon X \to Y$에 대하여 다음을 정리할 수 있다.

정리 2.14: 두 함수가 같기 위한 필요충분조건

함수 $f\colon X \to Y$와 $g\colon X \to Y$에 대하여, $\forall x \in X,\ f(x) = g(x)$는 $f = g$이기 위한 필요충분조건이다.

증명. $\forall x \in X,\ f(x) = g(x)$라고 가정하자. 그러면 임의의 원소 $(x, y) \in X \times Y$에 대하여

$$(x, y) \in f \ \leftrightarrow\ y = f(x) \ \leftrightarrow\ y = g(x) \ \leftrightarrow\ (x, y) \in g$$

이므로 $f = g$이다.

역으로 $f = g$라고 가정하자. 임의의 원소 $x \in X$에 대하여 (f, X, Y)와 (g, X, Y)가 함수이므로 $(x, f(x)) \in f$이고 $(x, g(x)) \in g$이다. 가정에 따라서 $f = g$이므로 $(x, f(x)) \in f$이고 $(x, g(x)) \in f$이다. 함수 $f\colon X \to Y$에서 함수 정의에 나오는 두 번째 조건에 따라서 $f(x) = g(x)$이다. □

2.5.2 여러 함수들

여러 함수의 보기를 살펴보자. 먼저 다음의 함수보터 살펴보자.

정의 2.18: 항등함수

집합 X에 대하여, $\mathcal{I}_X(x) = x$로 정의되는 함수 $\mathcal{I}_X\colon X \to X$를 X에서 **항등함수**라고 한다.

위의 정의에서 $\mathcal{I}_X = \{(x, x) \in X \times X \mid x \in X\}$는 X에서 대각관계이다.

임의의 원소 $x_1, x_2 \in X$에 대하여 $x_1 \neq x_1$이면 $\mathcal{I}_X(x_1) = x_1 \neq x_2 = \mathcal{I}_X(x_2)$이므로 항등함수 $\mathcal{I}_X\colon X \to X$는 일대일 함수이다. 또한 $\operatorname{im} \mathcal{I}_X = X$이므로 항등함수 $\mathcal{I}_X\colon X \to X$는 위로의 함수이다. 따라서 항등함수 $\mathcal{I}_X\colon X \to X$는 일대일 대응이다.

함숫값이 유일한 함수를 다음과 같이 정의한다.

정의 2.19: 상수함수

공집합이 아닌 집합 X와 Y에 대하여, $y_0 \in Y$일 때 $C_{y_0}(x) = y_0$로 정의된 함수 $C_{y_0} : X \to Y$를 함숫값이 y_0인 **상수함수**라고 한다.

위의 정의에서 $C_{y_0} = \{(x, y_0) \in X \times Y \mid x \in X\}$이다.

집합의 부분집합을 특정하기 위하여 다음 함수를 정의한다.

정의 2.20: 특성함수

집합 X와 부분집합 $A \subseteq X$와 집합 $Y = \{0, 1\}$에 대하여,

$$\chi_A(x) = \begin{cases} 1 & (x \in A\text{일 때}), \\ 0 & (x \in X - A\text{일 때}) \end{cases}$$

로 정의되는 함수 $\chi_A : X \to Y$를 A에 대한 **특성함수**라고 한다.

함수를 정의역의 부분집합으로 제한하여 다음과 같은 함수를 만들 수 있다.

정의 2.21: 함수의 제한

함수 $f : X \to Y$와 부분집합 $A \subseteq X$에 대하여, $f_{[A]}(x) = f(x)$로 정의되는 함수 $f_{[A]} : A \to Y$를 f의 A로 **제한**이라고 한다.

두 함수에 대하여, 각 정의역의 교집합에서 두 함수의 함숫값이 같을 때 다음과 같이 두 함수의 합이라는 함수를 만들 수 있다.

정리 2.15: 함수의 합

함수 $f_1 : X_1 \to Y_1$와 $f_2 : X_2 \to Y_2$에 대하여, $\forall x \in X_1 \cap X_2$, $f_1(x) = f_2(x)$이면 삼중쌍 $(f_1 \cup f_2, X_1 \cup X_2, Y_1 \cup Y_2)$는 함수이다.

위의 정리에서

$$(f_1 \cup f_2)(x) = \begin{cases} f_1(x), & x \in X_1\text{일 때}, \\ f_2(x), & x \in X_2\text{일 때} \end{cases}$$

이다.

증명. 먼저 $f_1 \cup f_2$가 $X_1 \cup X_2$에서 $Y_1 \cup Y_2$로 관계인 것을 보이자. 임의의 원소 $x \in X_1 \cup X_2$와 $y \in Y_1 \cup Y_2$에 대하여

$$\begin{aligned}(x, y) \in f_1 \cup f_2 &\leftrightarrow (x, y) \in f_1 \vee (x, y) \in f_2 \\ &\rightarrow (x \in X_1 \wedge y \in Y_1) \vee (x \in X_2 \wedge y \in Y_2) \\ &\rightarrow (x \in X_1 \cup X_2) \wedge (y \in Y_1 \cup Y_2) \\ &\leftrightarrow (x, y) \in (X_1 \cup X_2) \times (Y_1 \cup Y_2)\end{aligned}$$

이므로 $f_1 \cup f_2 \subseteq (X_1 \cup X_2) \times (Y_1 \cup Y_2)$이다.

임의의 원소 $x \in X_1 \cup X_2$에 대하여

$$\begin{aligned}x \in \mathrm{dom}(f_1 \cup f_2) &\leftrightarrow \exists y \in Y_1 \cup Y_2,\ (x, y) \in f_1 \cup f_2 \\ &\leftrightarrow \exists y \in Y_1 \cup Y_2,\ (x, y) \in f_1 \vee (x, y) \in f_2 \\ &\leftrightarrow (\exists y \in Y_1,\ (x, y) \in f_1) \vee (\exists y \in Y_2,\ (x, y) \in f_2) \\ &\leftrightarrow x \in \mathrm{dom}\, f_1 \vee x \in \mathrm{dom}\, f_2 \\ &\leftrightarrow x \in \mathrm{dom}\, f_1 \cup \mathrm{dom}\, f_2\end{aligned}$$

이므로 $\mathrm{dom}(f_1 \cup f_2) = \mathrm{dom}\, f_1 \cup \mathrm{dom}\, f_2$이다. 따라서

$$\mathrm{dom}(f_1 \cup f_2) = \mathrm{dom}\, f_1 \cup \mathrm{dom}\, f_2 = X_1 \cup X_2$$

이다.

마지막으로 임의의 점 $x \in X_1 \cup X_2$와 $y_1, y_2 \in Y_1 \cup Y_2$에 대하여

$$(x, y_1) \in f_1 \cup f_2 \wedge (x, y_2) \in f_1 \cup f_2 \ \rightarrow\ y_1 = y_2$$

인 것을 보이자. $(x, y_1) \in f_1 \cup f_2$ 그리고 $(x, y_2) \in f_1 \cup f_2$라고 가정하자. 그러면

$$((x, y_1) \in f_1 \vee (x, y_1) \in f_2) \ \wedge\ ((x, y_2) \in f_1 \vee (x, y_2) \in f_2)$$

즉, $(x, y_1) \in f_1 \wedge (x, y_2) \in f_1$ 또는 $(x, y_1) \in f_1 \wedge (x, y_2) \in f_2$ 또는 $(x, y_1) \in f_2 \wedge (x, y_2) \in f_1$ 또는 $(x, y_1) \in f_2 \wedge (x, y_2) \in f_2$ 이다.

(가) $(x, y_1) \in f_1 \wedge (x, y_2) \in f_1$인 경우, $f_1 : X_1 \rightarrow Y_1$이므로 $y_1 = y_2$이다.

(나) $(x, y_1) \in f_1 \wedge (x, y_2) \in f_2$인 경우, $x \in X_1 \cap X_2$이므로 $y_1 = f_1(x) = f_2(x) = y_2$이다.

(다) $(x, y_1) \in f_2 \wedge (x, y_2) \in f_1$인 경우, $x \in X_1 \cap X_2$이므로 $y_1 = f_2(x) = f_1(x) = y_2$이다.

(라) $(x, y_1) \in f_2 \wedge (x, y_2) \in f_2$인 경우, $f_2\colon X_2 \to Y_2$이므로 $y_1 = y_2$이다.

따라서 $y_1 = y_2$이다. □

2.5.3 일대일 함수

함수 $f\colon X \to Y$에 대하여, 함수의 정의에 따라서

$$\forall x_1 \in X, \forall x_2 \in X,\ x_1 = x_2 \ \to\ f(x_1) = f(x_2)$$

이다. 이 명제와 다음의 정의에 나오는 명제를 비교하자.

정의 2.22: 일대일 함수

함수 $f\colon X \to Y$에 대하여,

$$\forall x_1 \in X, \forall x_2 \in X,\ x_1 \neq x_1 \ \to\ f(x_1) \neq f(x_2)$$

이면 함수 $f\colon X \to Y$는 **일대일 함수**라고 한다.[a]

[a] 일대일 함수를 **단사함수**라고도 한다.

조건 $f(x_1) = f(x_2)\ \to\ x_1 = x_2$은 조건 $x_1 \neq x_1, \to\ f(x_1) \neq f(x_2)$의 대우이므로,

$$\forall x_1 \in X, \forall x_2 \in X,\ f(x_1) = f(x_2)\ \to\ x_1 = x_2$$

은 $f\colon X \to Y$가 일대일 함수이기 위한 필요충분조건이다.

예제 2.9 모든 실수의 집합 $\mathbb{R}$에서 $\mathbb{R}$로 함수 $f\colon \mathbb{R} \to \mathbb{R}$가 다음과 같이 주어질 때 $f\colon \mathbb{R} \to \mathbb{R}$가 일대일 함수인지 판별하라.

(가) $f(x) = x^2 + 1$, (나) $f(x) = 3x + 4$.

풀이. (가) 실수 1과 -1에 대하여,

$$1 \neq -1 \quad \text{그리고} \quad f(1) = 2 = f(-1)$$

이므로 함수 $f\colon \mathbb{R} \to \mathbb{R}$는 일대일 함수가 아니다.

(나) 실수 x_1, x_2에 대하여,

$$f(x_1) = f(x_2) \quad \leftrightarrow \quad 3x_1 + 4 = 3x_2 + 4 \quad \leftrightarrow 3x_1 = 3x_2 \quad \leftrightarrow \quad x_1 = x_2$$

이므로 함수 $f\colon \mathbb{R} \to \mathbb{R}$는 일대일 함수이다. □

2.5.4 위로의 함수

함수 $f\colon X \to Y$에 대하여, $\operatorname{im} f = Y$인 함수 $f\colon X \to Y$를 다음과 같이 정의한다.

정의 2.23: 위로의 함수

함수 $f\colon X \to Y$에 대하여, $\operatorname{im} f = Y$이면 함수 $f\colon X \to Y$는 **위로의 함수**라고 한다.[a]

[a]위로의 함수를 **전사함수**라고도 한다.

함수 $f\colon X \to Y$에 대하여, 항상 $\operatorname{im} f \subseteq Y$이다. 또한

$$Y \subseteq \operatorname{im} f \;\leftrightarrow\; \forall y \in Y, \exists x \in X,\; f(x) = y$$

이므로

$$\operatorname{im} f = Y \;\leftrightarrow\; \forall y \in Y, \exists x \in X,\; f(x) = y$$

이다.

예제 2.10 모든 실수의 집합 $\mathbb{R}$에서 $\mathbb{R}$로 함수 $f\colon \mathbb{R} \to \mathbb{R}$에 대하여, $f(x) = x^2$일 때 $f\colon \mathbb{R} \to \mathbb{R}$가 위로의 함수인지 판별하라.

풀이. 실수 -1에 대하여 $f(x) = -1$인 실수 x가 존재하지 않으므로, $f\colon \mathbb{R} \to \mathbb{R}$는 위로의 함수가 아니다. □

2.5.5 일대일 대응과 가역함수

다음 함수를 정의하자.

정의 2.24: 일대일 대응

함수 $f\colon X \to Y$에 대하여, 함수 $f\colon X \to Y$가 일대일 함수이면서 위로의 함수이면 $f\colon X \to Y$는 **일대일 대응**이라고 한다.[a]

[a]일대일 대응을 **전단사함수**라고도 한다.

함수 $f\colon X \to Y$에 대하여, f의 역관계 f^{-1}은 Y에서 X로 관계이다. 이때

$$\forall x \in X, \forall y \in Y,\ xfy \ \leftrightarrow\ yf^{-1}x$$

이다. 만약 $f^{-1}\colon Y \to X$이 함수이면

$$\forall x \in X, \forall y \in Y,\ y = f(x) \ \leftrightarrow\ x = f^{-1}(y)$$

이다.

함수 $f\colon X \to Y$에 대하여, 역관계 f^{-1}가 함수일 때 다음과 같이 정의한다.

정의 2.25: 가역함수

함수 $f\colon X \to Y$에 대하여, $f^{-1}\colon Y \to X$가 함수이면 $f\colon X \to Y$는 **가역함수**라고 하고 $f^{-1}\colon Y \to X$는 $f\colon X \to Y$의 **역함수**라고 한다.

함수가 일대일 대응임이 그 함수가 가역함수이기 위한 필요충분조건이다.

정리 2.16: 가역함수이기 위한 필요충분조건

함수 $f\colon X \to Y$에 대하여, f가 일대일 대응임은 f가 가역함수이기 위한 필요충분조건이다.

증명. 함수 $f\colon X \to Y$가 일대일 대응이라고 가정하자.

(가) 역관계 f^{-1}에 대하여 f가 위로의 함수이므로 $\operatorname{dom} f^{-1} = \operatorname{im} f = Y$이다.

(나) 모든 $y \in Y$와 모든 $x_1, x_2 \in X$에 대하여

$$\begin{aligned} yf^{-1}x_1 \wedge yf^{-1}x_2 \ &\leftrightarrow\ y = f(x_1) \wedge y = f(x_2) \\ &\rightarrow\ x_1 = x_2 \qquad (f\colon X \to Y\text{는 일대일 함수}) \end{aligned}$$

이다.

(가)와 (나)에 따라서 삼중쌍 (f^{-1}, Y, X)는 함수이다.

함수 $f\colon X \to Y$가 가역함수라고 가정하자. 그러면 $f^{-1}\colon Y \to X$가 함수이므로 $\operatorname{dom} f^{-1} = Y$이다. 따라서 $\operatorname{im} f = \operatorname{dom} f^{-1} = Y$이므로 $f\colon X \to Y$는 위로의 함수이다. 모든 $x_1, x_2 \in X$와 모든 $y \in Y$에 대하여

$$\begin{aligned} y = f(x_1) \wedge y = f(x_2) &\leftrightarrow x_1 = f^{-1}(y) \wedge x_2 = f^{-1}(y) \\ &\rightarrow x_1 = x_2 \qquad\qquad (f^{-1}\colon Y \to X\text{은 함수}) \end{aligned}$$

이므로 $f\colon X \to Y$는 일대일 함수이다. 함수 $f\colon X \to Y$가 위로의 함수이면서 일대일 함수이므로 $f\colon X \to Y$는 일대일 대응이다. □

만약 함수 $f\colon X \to Y$가 가역함수이면 역함수 $f^{-1}\colon Y \to X$에 대하여 $(f^{-1})^{-1} = f$이므로 역함수 f^{-1}도 가역이다. 그러므로 위의 정리에 따라서 다음을 알 수 있다.

따름정리 2.17: 역함수의 일대일 대응성

함수 $f\colon X \to Y$에 대하여, f가 가역함수이면 역함수 $f^{-1}\colon Y \to X$는 일대일 대응이다.

예제 2.11 함수 $f\colon \mathbb{R} \to \mathbb{R}$에 대하여, $f(x) = 2x + 1$일 때 $f\colon \mathbb{R} \to \mathbb{R}$이 일대일 대응인 것을 보이고 $f\colon \mathbb{R} \to \mathbb{R}$의 역함수를 구하라.

풀이. 임의의 실수 x_1과 x_2에 대하여, $f(x_1) = f(x_2)$이면 $2x_1 + 1 = 2x_2 + 1$이므로 $x_1 = x_2$이다. 따라서, $f\colon \mathbb{R} \to \mathbb{R}$는 일대일 함수이다. 임의의 실수 v에 대하여,

$$f((v-1)/2) = 2\left(\frac{v-1}{2}\right) + 1 = v$$

이므로, $f\colon \mathbb{R} \to \mathbb{R}$는 위로의 함수이다. $f\colon \mathbb{R} \to \mathbb{R}$가 일대일 함수이면서 위로의 함수이므로 $f\colon \mathbb{R} \to \mathbb{R}$는 일대일 대응이다. 이때 $g(x) = (x-1)/2$인 함수 $g\colon \mathbb{R} \to \mathbb{R}$가 $f\colon \mathbb{R} \to \mathbb{R}$의 역함수이다. □

연습문제 2.5

1. 집합 $X = \{1,2,3\}$, $Y = \{a,b,c\}$에 대하여, 다음이 집합 X에서 Y로 함수인지 판별하라.

   (가) $f = \{(1,b),(2,a),(3,a),(3,c)\}$, (나) $f = \{(1,b),(2,c),(3,a)\}$,

   (다) $f = \{(1,c),(2,c)\}$, (라) $f = \{(2,a),(3,b),(3,c)\}$.

2. 집합 $X = \{1,2,3,4\}$와 $Y = \{7,8,9\}$에 대하여, X에서 Y로 가능한 총 함수의 개수를 구하라.

3. 모든 실수의 집합 $\mathbb{R}$에서 $\mathbb{R}$로 함수 $f\colon \mathbb{R} \to \mathbb{R}$가 다음과 같이 주어질 때 함수 $f\colon \mathbb{R} \to \mathbb{R}$의 치역을 구하라.

   (가) $f(x) = x^2 + 3$, (나) $f(x) = \sin x$, (다) $f(x) = 2^x$.

4. 함수 $f\colon X \to Y$와 $g\colon X \to Y$에 대하여, $f \subseteq g$이면 $f = g$인 것을 증명하라.

5. 집합 X와 Y에 대하여, $X \subseteq Y$이고 $f = \{(x,x) \mid x \in X\}$이면 $f\colon X \to Y$는 함수인 것을 증명하라. (이때 함수 f는 **포함함수**라고 한다.)

6. 함수 $f\colon X \to X$에 대하여, f가 반사적이면 함수 $f\colon X \to Y$는 항등함수인 것을 증명하라.

7. 공집합이 아닌 집합 X에서 특성함수 $\chi_A\colon X \to \{0,1\}$에 대하여, $A \neq \emptyset$ 그리고 $A \subset X$는 χ_A가 위로의 함수이기 위한 필요충분조건인 것을 증명하라.

8. 함수 $f\colon (X_1 \cup X_2) \to Y$에 대하여, $f = f_{[X_1]} \cup f_{[X_2]}$인 것을 증명하라.

9. 공집합이 아닌 집합 X와 부분집합 $A \subseteq X$에 대하여, $A \neq \emptyset$ 그리고 $A \subset X$는 특성함수 $\chi_A\colon X \to \{0,1\}$가 위로의 함수이기 위한 필요충분조건인 것을 증명하라.

10. 함수 $f\colon X \to Y$와 부분집합 $A \subseteq X$에 대하여, 다음을 증명하라.

    (가) $f\colon X \to Y$가 일대일 함수이면 $f_{[A]}\colon A \to Y$도 일대일 함수이다.

    (나) $f_{[A]}\colon A \to Y$가 위로의 함수이면 $f\colon X \to Y$도 위로의 함수이다.

11. 모든 실수의 집합 $\mathbb{R}$에서 $\mathbb{R}$로 함수 $f\colon \mathbb{R} \to \mathbb{R}$에 대하여, $f(x) = 3x - 2$일 때 $f\colon \mathbb{R} \to \mathbb{R}$가 일대일 대응인 것을 보이고 역함수 $f^{-1}\colon \mathbb{R} \to \mathbb{R}$을 구하라.

2.6 함수의 합성

함수 $f: X \to Y$와 함수 $g: Y \to Z$에 대하여, f와 g의 합성 $g \circ f$에서 다음 함수를 알 수 있다.

정리 2.18: 합성함수

집합 X에서 Y로 관계 f와 Y에서 Z로 관계 g에 대하여, $f: X \to Y$와 $g: Y \to Z$가 함수이면 합성 $g \circ f: X \to Z$도 함수이다.

증명. $f: X \to Y$와 $g: Y \to Z$가 함수라고 가정하자. 그러면 $g \circ f$는 X에서 Z로 관계이다.

(가) 임의의 원소 $x \in X$에 대하여

$$\begin{aligned} x \in X &\leftrightarrow x \in \operatorname{dom} f \\ &\leftrightarrow \exists y \in Y,\, y = f(x) \\ &\leftrightarrow \exists y \in Y,\, \exists z \in Z,\, y = f(x) \wedge z = g(y) \\ &\leftrightarrow \exists z \in Z,\, \exists y \in Y,\, y = f(x) \wedge z = g(y) \\ &\leftrightarrow \exists z \in Z,\, x(g \circ f)z \\ &\leftrightarrow x \in \operatorname{dom}(g \circ f) \end{aligned}$$

이므로, $\operatorname{dom}(g \circ f) = X$이다.

(나) 임의의 $x \in X$와 $z_1, z_2 \in Z$에 대하여,

$$\begin{aligned} & x(g \circ f)z_1 \wedge x(g \circ f)z_2 \\ &\quad \to (\exists y_1 \in Y,\, y_1 = f(x) \wedge z_1 = g(y_1)) \\ &\qquad \wedge (\exists y_2 \in Y,\, y_2 = f(x) \wedge z_2 = g(y_2)) \\ &\quad \to \exists y_1 \in Y,\, \exists y_2 \in Y, \\ &\qquad y_1 = f(x) \wedge y_2 = f(x) \wedge z_1 = g(y_1) \wedge z_2 = g(y_2) \\ &\quad \to \exists y_1 \in Y,\, \exists y_2 \in Y,\, y_1 = y_2 \wedge z_1 = g(y_1) \wedge z_2 = g(y_2) \\ &\quad \to z_1 = z_2 \end{aligned}$$

이다.

(가)와 (나)에 따라서 $g \circ f: X \to Z$는 함수이다. □

정의 2.26: 합성함수

함수 $f: X \to Y$와 $g: Y \to Z$에 대하여, 함수 $g \circ f: X \to Z$를 함수 f와 g의 **합성함수**라고 한다.

함수의 합성에 대한 교환법칙이 일반적으로 성립하지 않음을 아래의 예제에서 확인할 수 있다.

예제 2.12 식 $f(x) = x + 1$와 $g(x) = x^2 + 1$로 정의되는 함수 $f: \mathbb{R} \to \mathbb{R}$와 $g: \mathbb{R} \to \mathbb{R}$에 대하여, $(g \circ f)(x)$와 $(f \circ g)(x)$를 구하라.

풀이. 합성함수 $g \circ f: \mathbb{R} \to \mathbb{R}$에 대하여

$$(g \circ f)(x) = g(f(x)) = (x+1)^2 + 1 = x^2 + 2x + 2$$

이고, 합성함수 $f \circ g: \mathbb{R} \to \mathbb{R}$에 대하여

$$(f \circ g)(x) = f(g(x)) = (x^2 + 1) + 1 = x^2 + 2$$

이다. □

함수의 합성에 대한 결합법칙이 성립한다.

정리 2.19: 함수의 합성에 대한 결합법칙

함수 $f: X \to Y$, $g: Y \to Z$, $h: Z \to W$에 대하여,

$$h \circ (g \circ f) = (h \circ g) \circ f$$

이다.

증명. 모든 $x \in X$에 대하여

$$\begin{aligned}(h \circ (g \circ f))(x) &= h((g \circ f)(x)) \\ &= h(g(f(x))) \\ &= (h \circ g)(f(x)) \\ &= ((h \circ g) \circ f)(x)\end{aligned}$$

이므로, $h \circ (g \circ f) = (h \circ g) \circ f$이다. □

정리 2.20: 일대일 함수이기 위한 필요충분조건

함수 $f\colon X \to Y$에 대하여, $g \circ f = \mathcal{I}_X$인 함수 $g\colon Y \to X$가 존재함은 $f\colon X \to Y$가 일대일 함수이기 위한 필요충분조건이다.

증명. $g \circ f = \mathcal{I}_X$인 함수 $g\colon Y \to X$가 존재한다고 가정하자. 그러면 임의의 원 $x_1, x_2 \in X$에 대하여,

$$\begin{aligned} f(x_1) = f(x_2) &\to g(f(x_1)) = g(f(x_2)) && (g\text{에 대한 함수 정의 (가)}) \\ &\leftrightarrow (g \circ f)(x_1) = (g \circ f)(x_2) && (\text{합성 } g \circ f\text{의 정의}) \\ &\leftrightarrow x_1 = x_2 && (g \circ f = \mathcal{I}_X) \end{aligned}$$

이므로 함수 $f\colon X \to Y$는 일대일 함수이다.

역으로 $f\colon X \to Y$가 일대일 함수라고 가정하자. $B = \operatorname{im} f$로 놓으면 $f\colon X \to B$는 일대일 대응이므로 역사상 $f^{-1}\colon B \to X$가 존재한다. 점 $x_0 \in X$를 고정하자. 함숫값이 x_0인 상수함수 $K_{x_0}\colon (Y - B) \to X$에 대하여 $g = f^{-1} \cup K_{x_0}$로 놓으면 $g\colon Y \to X$는 함수이며 모든 $x \in X$에 대하여

$$\begin{aligned} (g \circ f)(x) &= g(f(x)) && (\text{합성함수 } g \circ f\text{의 정의}) \\ &= f^{-1}(f(x)) && (\text{함수 } g\text{의 정의}) \\ &= x = \mathcal{I}_X(x) \end{aligned}$$

이므로 $g \circ f = \mathcal{I}_X$이다. □

정리 2.21: 일대일 함수의 합성과 위로의 함수의 합성

함수 $f\colon X \to Y$, $g\colon Y \to Z$에 대하여 다음이 성립한다.

(가) 만약 f와 g가 일대일 함수이면 $g \circ f$는 일대일 함수이다.

(나) 만약 f와 g가 위로의 함수이면 $g \circ f$는 위로의 함수이다.

(다) 만약 f와 g가 일대일 대응이면 $g \circ f$는 일대일 대응이다.

증명. (가) $f: X \to Y$와 $g: Y \to Z$가 일대일 함수라고 가정하자. 임의의 $x_1, x_2 \in X$에 대하여

$$\begin{aligned}(g \circ f)(x_1) = (g \circ f)(x_2) &\leftrightarrow g(f(x_1)) = g(f(x_2)) \\ &\to f(x_1) = f(x_2) \qquad (g\text{가 일대일 함수}) \\ &\to x_1 = x_2 \qquad (f\text{가 일대일 함수})\end{aligned}$$

이므로, $g \circ f: X \to Z$는 일대일 함수이다.

(나) $f: X \to Y$와 $g: Y \to Z$가 위로의 함수라고 가정하자. 임의의 $z \in Z$를 고정하자. 함수 $g: Y \to Z$가 위로의 함수이므로 $g(y) = z$인 $y \in Y$가 존재한다. 함수 $f: X \to Y$가 위로의 함수이므로 $f(x) = y$인 $x \in X$가 존재한다. 따라서

$$(g \circ f)(x) = g(f(x)) = g(y) = z$$

이다. 따라서 $g \circ f: X \to Z$는 위로의 함수이다.

(다) (가)와 (나)에 따라서 성립한다. □

연습문제 2.6

1. 함수 $f\colon X \to Y$와 $g\colon Y \to Z$에 대하여, 다음을 증명하라.

   (가) 만약 합성함수 $g \circ f$가 일대일 함수이면 f는 일대일 함수이다.

   (나) 만약 합성함수 $g \circ f$가 위로의 함수이면 g는 위로의 함수이다.

2. 함수 $f\colon X \to Y$에 대하여, f가 가역함수이면

$$f^{-1} \circ f = \mathcal{I}_X, \qquad f \circ f^{-1} = \mathcal{I}_Y$$

   인 것을 증명하라.

3. 함수 $f\colon X \to Y$와 $g\colon Y \to X$에 대하여, $g \circ f = \mathcal{I}_X$이고 $f \circ g = \mathcal{I}_Y$이면 f는 가역함수이고 $g = f^{-1}$인 것을 증명하라.

4. 집합 $A = \{1, 2, 3\}$에서 집합 $B = \{a, b, c\}$로 함수 $f = \{(1, b), (2, c), (3, b)\}$와 집합 B에서 $C = \{7, 8, 9\}$로 함수 $g = \{(a, 9), (b, 8), (c, 7)\}$에 대하여, 합성함수 $g \circ f$를 구하라.

5. 함수 $f\colon X \to Y$와 $g\colon Y \to Z$에 대하여, 다음을 증명하라.

   (가) $g \circ f$가 일대일 함수이면 f는 일대일 함수이다.

   (나) $g \circ f$가 전사함수이면 g는 전사함수이다.

6. 함수 $g\colon Y \to Z$와 $h\colon : Y \to Z$와 집합 X에 대하여, 만약 임의의 함수 $f\colon X \to Y$에 대하여 $g \circ f = h \circ f$이면 $g = h$인 것을 증명하라.

7. 함수 $f\colon X \to Y$와 $g\colon X \to Y$와 원소의 개수가 양의 정수인 집합 Z에 대하여, 만약 임의의 함수 $h\colon Y \to Z$에 대하여 $h \circ f = h \circ g$이면 $f = g$인 것을 증명하라.

2.7 함수에 대한 집합의 상과 역상

함수 $f\colon X \to Y$에 대하여, 함수 f에 대한 정의역 X의 부분집합 A의 상을 다음과 같이 정의한다.

정의 2.27: 함수에 대한 집합의 상

함수 $f\colon X \to Y$와 X의 부분집합 A에 대하여, 집합

$$\{y \in Y \mid \exists x \in A,\, y = f(x)\}$$

를 f에 대한 A의 **상**이라고 하고 $f(A)$로 나타낸다.[a]

[a] 집합 $\{y \in Y \mid \exists x \in A,\, y = f(x)\}$를 간단히 $\{f(x) \in Y \mid x \in A\}$로 나타내기도 한다.

예제 2.13 집합 $X = \{-2,-1,0,1,2\}$에서 $Y = \{0,1,2,3,4\}$로 함수 $f\colon X \to Y$가 $f(x) = x^2$로 정의될 때 $f(\{-1,0,1\})$와 $f(\{0,1\})$를 구하라.

풀이. $f(\{-1,0,1\}) = \{f(-1), f(0), f(1)\} = \{0,1\}$.
$f(\{0,1\}) = \{f(0), f(1)\} = \{0,1\}$. □

함수 $f\colon X \to Y$에 대하여, 함수 f에 대한 공역 Y의 부분집합 B의 역상을 다음과 같이 정의한다.

정의 2.28: 함수에 대한 집합의 역상

함수 $f\colon X \to Y$와 Y의 부분집합 B에 대하여, 집합

$$\{x \in X \mid f(x) \in B\}$$

를 f에 대한 B의 **역상**이라고 하고 $f^{-1}(B)$로 나타낸다.

예제 2.14 집합 $X = \{-2,-1,0,1,2\}$에서 $Y = \{0,1,2,3,4\}$로 함수 $f\colon X \to Y$가 $f(x) = x^2$로 정의될 때 $f^{-1}(\{1,2,3\})$를 구하라.

풀이. $f^{-1}(\{1,2,3\}) = \{-1,1\}$. □

정리 2.22: 부분집합과 함수에 대한 집합의 상과 역상

함수 $f: X \to Y$에 대하여 다음이 성립한다.

(가) 정의역 X의 부분집합 A와 B에 대하여, $A \subseteq B$이면 $f(A) \subseteq f(B)$이다.

(나) 공역 Y의 부분집합 C와 D에 대하여, $C \subseteq D$이면 $f^{-1}(C) \subseteq f^{-1}(D)$ 이다.

증명. (가) $A \subseteq B$라고 가정하자. 그러면 임의의 $y \in Y$에 대하여

$$\begin{aligned} y \in f(A) &\leftrightarrow \exists x \in A, y = f(x) \\ &\rightarrow \exists x \in B, y = f(x) \\ &\leftrightarrow y \in f(B) \end{aligned}$$

이므로 $f(A) \subseteq f(B)$이다.

(나) $C \subseteq D$라고 가정하자. 그러면 임의의 $x \in X$에 대하여

$$\begin{aligned} x \in f^{-1}(C) &\leftrightarrow f(x) \in C \\ &\rightarrow f(x) \in D \\ &\leftrightarrow x \in f^{-1}(D) \end{aligned}$$

이므로 $f^{-1}(C) \subseteq f^{-1}(D)$이다. □

함수에 대한 집합의 상에 대하여 다음을 알 수 있다.

정리 2.23: 함수에 대한 집합의 상의 성질

함수 $f: X \to Y$와 X의 부분집합들의 집합족 $\{A_i\}_{i \in I}$에 대하여,

(가) $f\left(\bigcup_{i \in I} A_i\right) = \bigcup_{i \in I} f(A_i)$, (나) $f\left(\bigcap_{i \in I} A_i\right) \subseteq \bigcap_{i \in I} f(A_i)$

이다.

증명. (가) 임의의 원소 $y \in Y$에 대하여

$$
\begin{aligned}
y \in f\left(\bigcup_{i\in I} A_i\right) &\leftrightarrow \exists x \in \bigcup_{i\in I} A_i,\ y = f(x) \\
&\leftrightarrow \exists i \in I,\ \exists x \in A_i,\ y = f(x) \\
&\leftrightarrow \exists i \in I,\ y \in f(A_i) \\
&\leftrightarrow y \in \bigcup_{i\in I} f(A_i)
\end{aligned}
$$

이므로, $f\left(\bigcup_{i\in I} A_i\right) = \bigcup_{i\in I} f(A_i)$이다.

(나) 임의의 원소 $y \in Y$에 대하여

$$
\begin{aligned}
y \in f\left(\bigcap_{i\in I} A_i\right) &\leftrightarrow \exists x \in \bigcap_{i\in I} A_i,\ y = f(x) \\
&\leftrightarrow \exists x \in X,\ \forall i \in I, x \in A_i \wedge y = f(x) \\
&\rightarrow \forall i \in I,\ \exists x \in X,\ x \in A_i \wedge y = f(x) \\
&\leftrightarrow \forall i \in I,\ \exists x \in A_i,\ y = f(x) \\
&\leftrightarrow \forall i \in I,\ y \in f(A_i) \\
&\leftrightarrow y \in \bigcap_{i\in I} f(A_i)
\end{aligned}
$$

이므로, $f\left(\bigcap_{i\in I} A_i\right) \subseteq \bigcap_{i\in I} f(A_i)$이다. □

위의 정리의 (나)에서 $f\left(\bigcap_{i\in I} A_i\right) \neq \bigcap_{i\in I} f(A_i)$ 인 경우를 다음 보기에서 볼 수 있다.

보기 2.8 집합 $X = \{1,2,3\}$에서 $Y = \{a,b,c\}$로 함수 $f\colon X \to Y$에 대하여, $f(1) = a$, $f(2) = b$, $f(3) = a$일 때

$$f(\{1,2\} \cap \{2,3\}) = f(\{2\}) = \{b\}, \qquad f(\{1,2\}) \cap f(\{2,3\}) = \{a,b\}$$

이므로 $f(\{1,2\} \cap \{2,3\}) \neq f(\{1,2\}) \cap f(\{2,3\})$이다.

함수에 대한 집합의 역상에 대하여 다음을 알 수 있다.

정리 2.24: 함수에 대한 집합의 역상의 성질

함수 $f: X \to Y$와 Y의 부분집합들의 집합족 $\{B_i\}_{i \in I}$에 대하여,

$$(\text{가})\ f^{-1}\left(\bigcup_{i \in I} B_i\right) = \bigcup_{i \in I} f^{-1}(B_i), \qquad (\text{나})\ f^{-1}\left(\bigcap_{i \in I} B_i\right) = \bigcap_{i \in I} f^{-1}(B_i)$$

이다.

증명. (가) 임의의 원소 $x \in X$에 대하여

$$\begin{aligned} x \in f^{-1}\left(\bigcup_{i \in I} B_i\right) &\leftrightarrow f(x) \in \bigcup_{i \in I} B_i \\ &\leftrightarrow \exists i \in I,\ f(x) \in B_i \\ &\leftrightarrow \exists i \in I,\ x \in f^{-1}(B_i) \\ &\leftrightarrow x \in \bigcup_{i \in I} f^{-1}(B_i) \end{aligned}$$

이므로, $f^{-1}\left(\bigcup_{i \in I} B_i\right) = \bigcup_{i \in I} f^{-1}(B_i)$이다.

(나) 임의의 원소 $x \in X$에 대하여

$$\begin{aligned} x \in f^{-1}\left(\bigcap_{i \in I} B_i\right) &\leftrightarrow f(x) \in \bigcap_{i \in I} B_i \\ &\leftrightarrow \forall i \in I,\ f(x) \in B_i \\ &\leftrightarrow \forall i \in I,\ x \in f^{-1}(B_i) \\ &\leftrightarrow x \in \bigcap_{i \in I} f^{-1}(B_i) \end{aligned}$$

이므로, $f^{-1}\left(\bigcap_{i \in I} B_i\right) = \bigcap_{i \in I} f^{-1}(B_i)$이다. □

연습문제 2.7

1. 집합 $X = \{-2, -1, 0, 1, 2\}$에서 $Y = \{-2, -1, 0, 1, 2, 3, 4\}$로 함수 $f\colon X \to Y$가 $f(x) = x^2 - 1$로 정의될 때 다음을 구하라.

   (가) $f(\{-1, 0, 1\})$, (나) $f(\{0, 1, 2\})$,
   (다) $f^{-1}(\{-1, 0, 3\})$ (라) $f^{-1}(\{1, 2, 3\})$.

2. 함수 $f\colon X \to Y$에 대하여 $f(\emptyset) = \emptyset$인 것을 증명하라.

3. 함수 $f\colon X \to Y$에 대하여 다음을 증명하라.

   (가) 집합 X의 부분집합 A에 대하여 $A \subseteq f^{-1}(f(A))$이다.

   (나) 집합 Y의 부분집합 B에 대하여 $f(f^{-1}(B)) \subseteq B$이다.

   (다) 만약 $f\colon X \to Y$가 일대일 함수이면 부분집합 $A \subseteq X$에 대하여 $f^{-1}(f(A)) = A$이다.

   (라) 만약 $f\colon X \to Y$가 위로의 함수이면 부분집합 $B \subseteq Y$에 대하여 $f(f^{-1}(B)) = B$이다.

4. 함수 $f\colon X \to Y$와 부분집합 $C, D \subseteq Y$에 대하여,

$$f^{-1}(C - D) = f^{-1}(C) - f^{-1}(D)$$

   인 것을 증명하라.

5. 함수 $f\colon X \to Y$에 대하여 다음을 증명하라.

   (가) 부분집합 $A \subseteq X$와 $B \subseteq Y$에 대하여 $f(A \cap f^{-1}(B)) = f(A) \cap B$이다.

   (나) 부분집합 $B \subseteq Y$에 대하여 $f(f^{-1}(B)) = f(X) \cap B$이다.

제 3 장

공리론적 집합 구성

이 장에서 공리론적 방법을 적용하여 집합이론을 구성한다. 집합을 구성하는데 모순이 없도록 하기 위하여 집단을 먼저 생각하고 여러 공리들을 이용하여 집합의 성질을 규정한다.

보편적으로 수를 수직선의 점으로 이해할 수 있으며 또한 수직선을 이용하여 공간을 구성할 수 있다. 수의 시발점으로 볼 수 있는 자연수를 집합을 이용하여 정의하고 자연수의 연산을 정의한다.

마지막으로 선택공리를 알아보고 선택공리와 논리적으로 동치인 정리들에 대하여 알아본다.

3.1 집단 구성

이 절에서 공리론적 방법을 적용하여 집단을 구성한다. 앞에서 많은 것이 정의되지만 여기서는 그것들이 정의되지 않았다고 가정하고 처음부터 다시 시작한다.

참과 거짓이 분명한 문장이나 식을 **명제**라고 한다. 명제와 진릿값인 참(T)과 거짓(F)은 정의되지 않은 용어이다. 주어진 명제로부터 합성명제인 부정($\sim p$), 논리합($p \vee q$), 논리곱($p \wedge q$), 조건문($p \to q$), 쌍조건문($p \leftrightarrow q$)이 정의된다.

3.1.1 집단과 집합과 원소관계

구성원이 명확한 모임을 **집단**이라고 한다. 집단 중에서 특정한 성질이 성립하는 집단을 **집합**이라고 하는데, 뒤에 나오는 공리들로부터 집합을 규정한다. 집단 A가 집합인 것을 $\mathrm{Set}(A)$로 나타낸다.

집단은 다른 집단의 구성원이 될 수 있다. 집단 a가 집단 A의 구성원이면 $a \in A$로 나타내고 'a는 A에 속한다'라고 읽는다. 이때 a는 A의 **원소**라고 한다. 원소는 보통 $a, b, c, \ldots$와 같이 소문자로 나타낸다. 여기서 집단, 집합, $\in$은 정의되지 않은 용어이다.

모든 집합은 집단이다. 집합이 아닌 집단이 존재한다는 것을 뒤 부분에서 확인할 수 있다.

정의 3.1: 고유집단

집단이면서 집합이 아닌 집단을 **고유집단**이라고 한다.

직관적으로 고유집단은 매우 큰 집단으로 이해할 수 있다.

집단변수 X에 대한 조건 $p(X)$, 전칭명제 $\forall X,\ p(X)$, 존재명제 $\exists X,\ p(X)$가 정의된다. 집단 A에서 변수 x에 대한 조건 $p(x)$, 전칭명제 $\forall x \in A,\ p(x)$, 존재명제 $\exists x \in A,\ p(x)$가 정의된다.

집단 A에 대하여, a, b, c가 집단 A의 모든 원소일 때 $A = \{a, b, c\}$와 같이 집단을 나타내는 방법을 **원소나열법**이라고 한다.

3.1.2 집단의 같음과 부분집단

앞에서 두 집단 사이에 포함관계인 $\in$가 소개되었다. 집단 A와 B에 대하여, $A \in B$는 명제이다.

여기서 집단 사이에 같음관계를 다음과 같이 정의한다.

정의 3.2: 집단의 같음

집단 A와 B에 대하여, $\forall x, x \in A \leftrightarrow x \in B$이면 A는 B와 **같다**라고 하고 $A = B$로 나타낸다.

집단의 같음은 집단들에서 동치관계인 것을 다음에서 알 수 있다.

정리 3.1: 집단 같음의 성질

집단에 대한 같음에 대하여 다음이 성립한다.

(가) (반사적) $\forall X, X = X$,

(나) (대칭적) $\forall X, \forall Y, X = Y \rightarrow Y = X$,

(다) (추이적) $\forall X, \forall Y, \forall Z, (X = Y \wedge Y = Z) \rightarrow X = Z$.

증명. (가) 집단 X에 대하여, $\forall x, x \in X \leftrightarrow x \in X$이므로 $X = X$이다.

(나) 집단 X와 Y에 대하여,

$$\begin{aligned} X = Y &\leftrightarrow \forall x, x \in X \leftrightarrow x \in Y \\ &\leftrightarrow \forall x, x \in Y \leftrightarrow x \in X \\ &\leftrightarrow Y = X \end{aligned}$$

이다.

(다) 집단 X와 Y와 Z에 대하여,

$$\begin{aligned} X = Y \wedge Y = Z &\leftrightarrow (\forall x, x \in X \leftrightarrow x \in Y) \wedge (\forall x, x \in Y \leftrightarrow x \in Z) \\ &\leftrightarrow \forall x, (x \in X \leftrightarrow x \in Y) \wedge (x \in Y \leftrightarrow x \in Z) \\ &\rightarrow \forall x, x \in X \leftrightarrow x \in Z \\ &\leftrightarrow X = Z \end{aligned}$$

이다. □

집단 사이의 같음이 주어진 집단의 원소관계로 규정된다. 같은 집단의 다른 집단의 원소성을 다음과 같이 정리한다.

공리 1: 확장공리

집단 x, y에 대하여, $x = y \rightarrow (\forall X, (x \in X \leftrightarrow y \in X))$이다.[a]

[a]확장공리를 **외연공리**라고도 한다.

위의 공리를

$$\forall x, \forall y, x = y \rightarrow (\forall X, (x \in X \leftrightarrow y \in X))$$

와 같이 나타낼 수 있다.

정의 3.3: 부분집단

집단 A와 B에 대하여, $\forall x, x \in A \rightarrow x \in B$이면 A는 B의 **부분집단**이라고 하고 $A \subseteq B$로 나타낸다.

정리 3.2: 부분집단과 집단의 같음

집단 X와 Y에 대하여, $X = Y \leftrightarrow (X \subseteq Y \wedge Y \subseteq X)$이다.

증명. 집단 X와 Y에 대하여

$$\begin{aligned} X = Y &\leftrightarrow \forall x, x \in X \leftrightarrow x \in Y \\ &\leftrightarrow (\forall x, x \in X \rightarrow x \in Y) \wedge (\forall x, x \in Y \rightarrow x \in X) \\ &\leftrightarrow X \subseteq Y \wedge Y \subseteq Z \end{aligned}$$

이다. □

정리 3.3: 부분집단의 추이성

집단 X, Y, Z에 대하여, $X \subseteq Y \wedge Y \subseteq Z \rightarrow X \subseteq Z$이다.

증명. 집단 X, Y, Z에 대하여

$$\begin{aligned} X \subseteq Y \land Y \subseteq Z &\leftrightarrow (\forall x, x \in X \to x \in Y) \land (\forall x, x \in Y \to x \in Z) \\ &\leftrightarrow \forall x, (x \in X \to x \in Y) \land (x \in Y \to x \in Z) \\ &\to \forall x, x \in X \to x \in Z \\ &\leftrightarrow X \subseteq Z \end{aligned}$$

이다. □

3.1.3 집단생성공리와 집단의 구성

집단 중에서 다음과 같은 집단을 분류하자.

정의 3.4: 원소

집단 a에 대하여, $\exists X,\ a \in X$이면 a는 **원소**라고 한다.

모든 집단이 원소가 될 수 있는 것은 아니다.

집단변수 x에 대한 조건 $p(x)$에 대하여, 조건 $p(x)$가 참인 원소들의 집합으로 다음 집단을 규정한다.

공리 2: 집단생성공리

집단변수 x에 대한 조건 $p(x)$에 대하여, 원소 중에서 $p(x)$가 참인 모든 원소들의 모임 $\{x \,|\, p(x)\}$는 집단이다.

위의 공리를

$$\exists X, \forall x, (\exists Y, x \in Y) \to (x \in X \leftrightarrow p(x))$$

와 같이 나타낼 수 있다.

집단생성공리에서 집단이 구성되려면, 집단의 원소 x에 대하여

(가) x가 원소이어야 하고,

(나) $p(x)$가 참이어야 한다

는 것을 규정하고 있다.

보기 3.1 원소 a에 대하여, 집단 $\{x \in \mathcal{U} \,|\, x = a\}$를 $\{a\}$로 나타낸다.

이 절의 끝부분에서 나오는 러셀 집단 $\mathcal{R}$의 경우에는 $\{\mathcal{R}\}$이 집단이 아닌 것을 확인할 것이다.

보기 3.2 원소 a, b에 대하여, $\{x \in \mathcal{U} \,|\, x = a \lor x = b\}$를 $\{a, b\}$로 나타낸다.

위의 보기에서와 같이 유한개의 원소 $a_1, a_2, \ldots, a_n$에 대하여, 집단

$$\{x \,|\, x = a_1 \lor x = a_2 \lor \cdots \lor x = a_n\}$$

을 $\{a_1, a_2, \ldots, a_n\}$로 나타낸다.

원소 a, b에 대하여, $a = b$라고 가정하자. $\{a\} = \{x \in \mathcal{U} \,|\, x = a\}$이고 $a \in \{a\}$이므로 확장공리에 따라 $b \in \{a\}$이다. $\{a\}$에 속하는 원소는 유일하므로 a와 b는 같은 원소를 나타낸다는 것을 알 수 있다.

전체집단과 공집단 모든 원소의 집단을 **전체집단**이라고 하고 $\mathcal{U}$로 나타낸다. 임의의 원소 a에 대하여 $a = a$이므로, 전체집단 $\mathcal{U}$에 대하여

$$\mathcal{U} = \{x \,|\, x = x\}$$

이다.

공집단도 집단생성공리를 적용하여 정의할 수 있다.

정의 3.5: 공집단

집단 $\{x \,|\, x \neq x\}$을 **공집단**이라고 하고 $\emptyset$로 나타낸다.

어떠한 집단도 공집단의 원소일 수 없다.

정리 3.4: 공집단에 대한 포함관계

집단 X에 대하여, $X \notin \emptyset$이다.

증명. 원소 $x \in \mathcal{U}$에 대하여, $x = x$이므로 $x \notin \emptyset$이다. 원소가 아닌 집단 X에 대하여, X는 원소가 아니므로 $X \notin \emptyset$이다. 따라서 $\forall X,\ X \notin \emptyset$이다. □

공집단과 전체집단에 대하여 다음을 알 수 있다.

정리 3.5: 공집단과 전체집단의 성질

집단 X에 대하여,

(가) $\emptyset \subseteq X$, (나) $X \subseteq \mathcal{U}$

이다.

증명. (가) 임의의 원소 x에 대하여, $x \in \emptyset$은 거짓이므로 $x \in \emptyset \rightarrow x \in X$는 참이다. (나) 임의의 원소 x에 대하여, $x \in \mathcal{U}$가 참이므로 $x \in X \rightarrow x \in \mathcal{U}$는 참이다. □

합집단, 교집단, 차집단 집단생성공리를 이용하여 다음 집단을 정의할 수 있다.

정의 3.6: 합집단

집단 $\mathscr{F}$에 대하여, 집단 $\{x \in \mathcal{U} \mid \exists X \in \mathscr{F}, x \in X\}$를 $\mathscr{F}$의 모든 원소의 **합집단**이라고 하고 $\bigcup_{X \in \mathscr{F}} X$로 나타낸다.

$\mathscr{F} = \{A, B\}$인 경우,

$$\bigcup_{X \in \mathscr{F}} X = \{x \in \mathcal{U} \mid \exists X \in \mathscr{F}, x \in X\} = \{x \in \mathcal{U} \mid x \in A \vee x \in B\}$$

이다. 이때 $\mathscr{F}$의 모든 원소의 합집단 $\bigcup_{X \in \mathscr{F}} X$를 집단 A와 B의 **합집단**이라고 하고 $A \cup B$로 나타낸다.

집단생성공리를 이용하여 다음 집단을 정의할 수 있다.

정의 3.7: 교집단

집단 $\mathscr{F}$에 대하여, 집단 $\{x \in \mathcal{U} \mid \forall X \in \mathscr{F}, x \in X\}$를 $\mathscr{F}$의 모든 원소의 **교집단**이라고 하고 $\bigcap_{X \in \mathscr{F}} X$로 나타낸다.

$\mathscr{F} = \{A, B\}$인 경우,

$$\bigcap_{X \in \mathscr{F}} X = \{x \in \mathcal{U} \mid \forall X \in \mathscr{F}, x \in X\} = \{x \in \mathcal{U} \mid x \in A \wedge x \in B\}$$

이다. 이때 $\mathscr{F}$의 모든 원소의 교집단 $\bigcap_{X \in \mathscr{F}} X$를 집단 A와 B의 **교집단**이라고 하고 $A \cap B$로 나타낸다.

정의 3.8: 차집단

집단 A와 B에 대하여, 집단 $\{x \in \mathcal{U} \mid x \in A \wedge x \notin B\}$를 A와 B의 **차집단**이라고 하고 $A - B$로 나타낸다.

3.1.4 러셀 집단

여기서 러셀 집단에 대하여 알아보자.

정의 3.9: 러셀 집단

집단 $\mathcal{R} = \{x \in \mathcal{U} \mid x \notin x\}$를 **러셀 집단**이라고 한다.

정리 3.5에 따라 러셀 집단 $\mathcal{R}$과 전체집단 $\mathcal{U}$에 대하여 $\mathcal{R} \subseteq \mathcal{U}$이다.
러셀 집단 $\mathcal{R}$에 대하여, 자기원소성이 성립하지 않는다.

정리 3.6: 러셀 집단의 자기원소성의 부정

러셀 집단 $\mathcal{R}$에 대하여, $\mathcal{R} \notin \mathcal{R}$이다.

증명. 귀류법을 적용하여 $\mathcal{R} \in \mathcal{R}$라고 가정하자. 그러면 $\mathcal{R}$은 원소이고 $\mathcal{R} = \{x \in \mathcal{U} \mid x \notin x\}$이므로 $\mathcal{R} \notin \mathcal{R}$이다. 따라서 $\mathcal{R} \in \mathcal{R}$ 그리고 $\mathcal{R} \notin \mathcal{R}$이므로 모순이다. □

러셀 집단 $\mathcal{R}$에 대하여, 임의의 집단 X에 대하여 $\mathcal{R} \notin X$이다.

정리 3.7: 러셀 집단의 비원소성

러셀 집단 $\mathcal{R}$은 원소가 아니다.

증명. 귀류법으로 보이기 위하여 러셀 집단 $\mathcal{R}$이 원소라고 가정하자. 그러면 $\mathcal{R} \notin \mathcal{R}$이고 $\mathcal{R} = \{x \in \mathcal{U} \mid x \notin x\}$이므로 $\mathcal{R} \in \mathcal{R}$이다. 따라서 $\mathcal{R} \in \mathcal{R}$ 그리고 $\mathcal{R} \notin \mathcal{R}$이므로 모순이다. □

위의 정리에 따라 $\{\mathcal{R}\}$은 집단이 아닌 것을 알 수 있다.

연습문제 3.1

1. 집단 A, B, C, D에 대하여, $A = B$ 그리고 $C = D$이면 다음을 증명하라.
   (가) $A \cup C = B \cup D$, (나) $A \cap C = B \cap D$.

2. 집단 A, B에 대하여, $A = B$이면 $A^c = B^c$인 것을 증명하라.

3. 집단 A, B, C, D에 대하여, $A \subseteq B$ 그리고 $C \subseteq D$이면 다음을 증명하라.
   (가) $A \cup C \subseteq B \cup D$, (나) $A \cap C \subseteq B \cap D$.

4. 원소 a에 대하여, $\{a\} = \{x \in \mathcal{U} \mid x = a\}$인 것을 증명하라.

5. 원소 a, b에 대하여, $\{a, b\} = \{x \in \mathcal{U} \mid x = a \vee x = b\}$인 것을 증명하라.

6. 공집단 $\emptyset$와 전체집단 $\mathcal{U}$에 대하여, 다음을 증명하라.
   (가) $\bigcup_{A \in \emptyset} A = \emptyset$, (나) $\bigcap_{A \in \emptyset} A = \mathcal{U}$.

7. 집단 A, B에 대하여, $A \subseteq B$이면 $B^c \subseteq A^c$인 것을 증명하라.

8. 집단 A, B, C에 대하여, $A = B$ 그리고 $A \subseteq C$이면 $B \subseteq C$인 것을 증명하라.

9. 집단 A에 대하여, $A \subseteq \emptyset$이면 $A = \emptyset$인 것을 증명하라.

10. 공집단 $\emptyset$와 전체집단 $\mathcal{U}$에 대하여, 다음을 증명하라.
    (가) $\emptyset^c = \mathcal{U}$, (나) $\mathcal{U}^c = \emptyset$.

3.2 집합의 구성

3.2.1 새로운 집합 판정

집합의 존재성은 바로 다음에서 살펴보고, 여기서는 주어진 집합으로부터 새로운 집합을 구성하는 방법을 살펴본다.

고유집단은 집합이 아닌 집단이다. 직관적으로 고유집단은 매우 큰 집단으로 이해되고 집합은 비교적 작은 집단으로 이해할 수 있다. 이러한 직관성에 따라 다음 공리를 이해할 수 있다.

공리 3: 부분집합공리

집단 X와 Y에 대하여, X가 집합이고 $Y \subseteq X$이면 Y도 집합이다.

위의 공리를

$$\forall X, \forall Y, (\text{Set}(X) \wedge Y \subseteq X) \rightarrow \text{Set}(Y)$$

와 같이 나타낼 수 있다.

예제 3.1 집단 X와 Y에 대하여, X가 집합이면 $X \cap Y$는 집합인 것을 증명하라.

풀이. 집단 X가 집합이라고 가정하자. 그러면 $X \cap Y \subseteq X$이므로 부분집합공리에 따라 $X \cap Y$는 집합이다. □

공집단의 경우 $\bigcap_{X \in \emptyset} X = \mathcal{U}$인 것을 알고 있다. $\mathscr{F} \neq \emptyset$인 경우 다음을 알 수 있다.

정리 3.8: 교집단의 집합성

공집단이 아닌 집단 $\mathscr{F}$에 대하여, $\mathscr{F}$가 집합들을 원소로 하는 집단이면 $\bigcap_{X \in \mathscr{F}} X$도 집합이다.

풀이. 집단 $\mathscr{F}$가 집합들을 원소로 하는 집단이면서 $\mathscr{F} \neq \emptyset$라고 가정하자. 그러면 $B \in \mathscr{F}$인 집합 B가 존재하고 $\bigcap_{X \in \mathscr{F}} X \subseteq B$이므로 부분집합공리에 따라 $\bigcap_{X \in \mathscr{F}} X$는 집합이다. □

러셀 집단 $\mathcal{R}$은 원소가 아니므로 집단 $\{\mathcal{R}\}$은 존재하지 않는다. 집합은 직관적으로 비교적 작은 집단으로 이해되므로 다음 공리를 이해할 수 있다.

공리 4: 짝공리

집단 X와 Y에 대하여, X와 Y가 집합이면 $\{X, Y\}$도 집합이다.

위의 공리를 $\forall X, \forall Y, (\mathrm{Set}(X) \wedge \mathrm{Set}(Y)) \rightarrow \mathrm{Set}(\{X, Y\})$와 같이 나타낼 수 있다.

예제 3.2 집단 X에 대하여, X가 집합이면 $\{X\}$가 집합인 것을 증명하라.

풀이. 집단 X가 집합이라고 가정하자. 그러면 $\{X\} = \{X, X\}$이고 짝공리에 따라 $\{X, X\}$가 집합이므로 $\{X\}$는 집합이다. □

짝공리에 따라 모든 집합은 집합의 원소가 될 수 있음을 알 수 있다. 러셀 집단 $\mathcal{R}$은 원소가 아니므로 러셀 집단 $\mathcal{R}$은 집합이 아닌 고유집단이다. 또한 $\mathcal{R} \subseteq \mathcal{U}$이므로 전체집단 $\mathcal{U}$도 집합이 아닌 고유집단이다.

공집단이 아닌 집단 $\mathscr{F}$가 집합들을 원소로 하는 집단이면 부분집합공리에 따라 $\bigcap_{X \in \mathscr{F}} X$도 집합이다. 합집단의 경우에는 만들어지는 합집단이 너무 커지는 것을 방지하기 위하여 위의 조건에서 $\mathscr{F}$가 집합인 것을 추가하면 다음 공리를 이해할 수 있다.

공리 5: 합집합공리

집단 $\mathscr{F}$에 대하여, $\mathscr{F}$가 집합들을 원소로 하는 집합이면 $\bigcup_{X \in \mathscr{F}} X$도 집합이다.

위의 공리를

$$\forall \mathscr{F}, (\forall x \in \mathscr{F}, \mathrm{Set}(x)) \wedge \mathrm{Set}(\mathscr{F})) \rightarrow \mathrm{Set}\left(\bigcup_{X \in \mathscr{F}} X\right)$$

와 같이 나타낼 수 있다.

예제 3.3 집단 X와 Y에 대하여, X와 Y가 집합이면 $X \cup Y$도 집합인 것을 증명하라.

풀이. 집단 X와 Y가 집합이라고 가정하자. 그러면 짝공리에 따라 집단 $\mathcal{F} = \{X, Y\}$도 집합이다. 합집합공리에 따라 $\bigcup_{X \in \mathcal{F}} X$가 집합이므로 $X \cup Y = \bigcup_{X \in \mathcal{F}} X$는 집합이다. □

예제 3.4 집합 X, Y, Z에 대하여, $\{X, Y, Z\}$이 집합인 것을 증명하라.

풀이. 집합 X, Y, Z에 대하여, 짝공리에 따라 $\{X, Y\}$와 $\{Z\}$는 집합이다. 짝공리에 따라 $\{\{X, Y\}, \{Z\}\}$는 집합들을 원소로 하는 집합이므로 합집합공리에 따라 $\{X, Y, Z\} = \{X, Y\} \cup \{Z\}$는 집합이다. □

위의 예제와 같은 방법을 적용하면 유한개의 집합 $A_1, A_2, \ldots, A_n$에 대하여 집단 $\{A_1, A_2, \ldots, A_n\}$이 집합인 것을 알 수 있다.

집합의 모든 부분집합들의 집단을 다음과 같이 정의한다.

정의 3.10: 멱집단

집합 A에 대하여, A의 모든 부분집합들의 집단을 A의 **멱집단**이라고 하고 $\mathscr{P}(A)$로 나타낸다.

집합 A의 멱집단을

$$\mathscr{P}(A) = \{X \in \mathcal{U} \mid X \subseteq A\}$$

와 같이 나타낼 수 있다.

공리 6: 멱집합공리

집단 X에 대하여, X가 집합이면 $\mathscr{P}(X)$도 집합이다.

위의 공리를

$$\forall X, \text{Set}(X) \rightarrow \text{Set}(\mathscr{P}(X))$$

와 같이 나타낼 수 있다.

집합의 멱집단을 **멱집합**이라고 한다.

원소 a와 b에 대하여, $\{\{a\}, \{a, b\}\}$를 a와 b의 **순서쌍**이라고 하고 (a, b)로 나타낸다. 집단 A와 B에 대하여, 집단 $\{(a, b) \in \mathcal{U} \mid a \in A \wedge b \in B\}$를 A와 B의 **곱집단**이라고 하고 $A \times B$로 나타낸다.

정리 3.9: 집합의 곱집합

집단 X와 Y에 대하여, X와 Y가 집합이면 $X \times Y$도 집합이다.

증명. 집단 X와 Y가 집합이라고 가정하자. 그러면 $X \cup Y$는 집합이므로 멱집합공리에 따라 $\mathscr{P}(X \cup Y)$와 $\mathscr{P}(\mathscr{P}(X \cup Y))$는 집합이다. 이제 $X \times Y \subseteq \mathscr{P}(\mathscr{P}(X \cup Y))$를 보이면 부분집합공리에 따라 $X \times Y$가 집합임이 증명된다.

임의의 원소 x, y에 대하여,

$$\begin{aligned}
(x, y) \in X \times Y &\leftrightarrow x \in X \wedge y \in Y \\
&\rightarrow x \in X \cup Y \wedge y \in X \cup Y \\
&\leftrightarrow \{x\} \subseteq X \cup Y \wedge \{x, y\} \subseteq X \cup Y \\
&\leftrightarrow \{x\} \in \mathscr{P}(X \cup Y) \wedge \{x, y\} \in \mathscr{P}(X \cup Y) \\
&\leftrightarrow \{\{x\}, \{x, y\}\} \subseteq \mathscr{P}(X \cup Y) \\
&\leftrightarrow \{\{x\}, \{x, y\}\} \in \mathscr{P}(\mathscr{P}(X \cup Y)) \\
&\leftrightarrow (x, y) \in \mathscr{P}(\mathscr{P}(X \cup Y))
\end{aligned}$$

이므로, $X \times Y \subseteq \mathscr{P}(\mathscr{P}(X \cup Y))$이다. □

집합 A와 B의 곱집단 $A \times B$를 A와 B의 **곱집합**이라고 한다.

집단 A에서 B로 관계 $\mathscr{R}$이 정의되고 특히 함수 $f: A \to B$가 정의된다. 함수에서 일대일 함수, 위로의 함수, 일대일 대응이 정의된다.

공리 7: 치환공리

집단 X에서 Y로 함수 $f: X \to Y$에 대하여, X가 집합이고 f가 위로의 함수이면 Y는 집합이다.

위의 공리를

$$\forall X, \forall Y, (f: X \to Y\text{는 함수} \wedge \operatorname{Set}(X) \wedge f\text{가 위로의 함수}) \to \operatorname{Set}(Y)$$

와 같이 나타낼 수 있다.

집단 A와 B에 대하여, A가 집합이고 일대일 대응 $f: A \to B$가 존재하면 치환공리에 따라 $B = \operatorname{im} f$는 집합이다.

3.2.2 집합의 존재성

앞에서 주어진 집합으로부터 새로운 집합을 구성하는 방법을 살펴보았지만 집합의 존재성은 나오지 않았다. 여기서 모든 자연수의 집합의 존재성을 살펴본다.

집합 A에 대하여, 짝공리에 따라 $\{A\}$가 집합이고 다시 합집합공리에 따라 $A \cup \{A\}$도 집합이므로 다음 집합을 정의할 수 있다.

정의 3.11: 다음수 집합

집합 A에 대하여, 집합 $A \cup \{A\}$를 A의 **다음수 집합**이라고 하고 A^+로 나타낸다.[a]

[a]다음수 집합을 **바로 뒤의 원소집합**이라고도 한다.

모든 자연수의 집합을 정의하기 위하여, 모든 자연수 집합의 특성을 나타내는 집합을 다음과 같이 정의한다.

정의 3.12: 귀납집합

집합 A에 대하여,

(가) $\emptyset \in A$, (나) $\forall X \in A,\ X^+ \in A$

이면 A는 **귀납집합**이라고 한다.

다음 공리는 집합의 존재성에 대한 공리이다.

공리 8: 무한공리

귀납집합이 존재한다.

위의 공리를

$$\exists X \in \mathcal{U}, \mathrm{Set}(X) \wedge \emptyset \in X \wedge (\forall x \in X,\ x^+ \in X)$$

와 같이 나타낼 수 있다.

무한공리와 부분집합공리를 이용하면 다음을 알 수 있다.

정리 3.10: 공집단의 집합성

공집단은 집합이다.

증명. 무한공리에 따라 귀납집합 A가 존재한다. A가 집합이고 $\emptyset \subseteq A$이므로 부분집합공리에 따라 공집단 $\emptyset$은 집합이다. □

앞으로 공집단을 **공집합**이라고 한다.

연습문제 3.2

1. 집단 X, Y에 대하여, X가 고유집단이고 $X \subseteq Y$이면 Y는 고유집단인 것을 증명하라.

2. 집단 X에서 Y로 관계 $\mathcal{R}$에 대하여, $\mathcal{R}$이 집합이면 $\operatorname{dom}\mathcal{R}$과 $\operatorname{im}\mathcal{R}$이 집합인 것을 증명하라.

3. 집단 X에서 Y로 관계 $\mathcal{R}$에 대하여, $\mathcal{R}$이 집합이면 $\mathcal{R}^{-1}$도 집합인 것을 증명하라.

4. 집단 X에서 Y로 관계 $\mathcal{R}$과 집단 Y에서 Z로 관계 $\mathcal{S}$에 대하여, $\mathcal{R}$과 $\mathcal{S}$가 집합이면 $\mathcal{S} \circ \mathcal{R}$이 집합인 것을 증명하라.

5. 원소 a에 대하여, $\{a\}$은 집합인 것을 증명하라.

6. 집합들을 원소로 하는 첨수된 집합족 $\{A_i\}_{i \in I}$에 대하여, 첨수집합 I가 집합이면 집합족 $\{A_i\}_{i \in I}$도 집합인 것을 증명하라.

3.3 모든 자연수의 집합

물건의 개수를 세는 것은 수학의 가장 초보적인 행위이다. 물건의 개수는 자연수로 나타낼 수 있다. 자연수가 정의되면 이를 바탕으로 정수, 유리수, 실수 등이 차례로 정의되고, 순서쌍을 도입하여 평면과 공간의 좌표가 정의된다.

3.3.1 자연수의 정의

이 절에서 집합을 이용하여 자연수를 정의하는 방법을 생각한다.

집합을 이용하여 자연수를 구성하자. 먼저 0을

$$0 = \emptyset$$

로 정의하고, $1, 2, 3$ 등을

$$1 = 0^+, \quad 2 = 1^+, \quad 3 = 2^+, \quad \dots$$

로 정의하자. 그러면

$$\begin{aligned} 1 &= 0^+ = 0 \cup \{0\} = \{0\} = \{\emptyset\} \\ 2 &= 1^+ = 1 \cup \{1\} = \{0, 1\} = \{\emptyset, \{\emptyset\}\}, \\ 3 &= 2^+ = 2 \cup \{2\} = \{0, 1, 2\} = \{\emptyset, \{\emptyset\}, \{\emptyset, \{\emptyset\}\}\}, \\ &\ \vdots \end{aligned}$$

인 것을 알 수 있다.

위의 과정을 적용하면 유한개의 자연수는 정의되나 모든 자연수가 정의된다고 할 수 없다. 그러면 모든 자연수를 정의할 수 있는 방법은 무엇일까? 여기서 무한집합공리가 필요하다. 모든 자연수의 집합을 다음과 같이 정의한다.

정의 3.13: 모든 자연수의 집합

모든 귀납집합의 교집합을 **모든 자연수의 집합**이라고 하고 $\mathbb{N}$으로 나타낸다. $\mathbb{N}$의 원소는 **자연수**라고 한다.

무한집합공리에 따라 귀납집합이 존재하고 모든 자연수의 집합 $\mathbb{N}$은 위의 귀납집합의 부분집단이므로 부분집합공리에 따라 모든 자연수의 집합 $\mathbb{N}$은 집합이다. 모든 귀납집합에 $0 = \emptyset$이 포함되므로 $0 \in \mathbb{N}$이다. 따라서 모든 자연수의 집합은 공집합이 아니다.

위의 정리에서 모든 자연수의 집합 $\mathbb{N}$을 정의하는 방법과 다르게 페아노는 다음의 공리들을 적용하여 모든 자연수의 집합 $\mathbb{N}$을 규정하였다.[1]

모든 자연수의 집합 $\mathbb{N}$과 $\mathbb{N}$에 정의된 함수 S에 대한 **페아노의 공리**는 다음과 같다.

P1 $0 \in \mathbb{N}$.

P2 $\forall n \in \mathbb{N}, S(n) \in \mathbb{N}$.

P3 $\forall n \in \mathbb{N}, S(n) \neq 0$.

P4 $\forall X \in \mathscr{P}(\mathbb{N}), ((0 \in X) \wedge (\forall n \in X, S(n) \in X)) \to X = \mathbb{N}$.

P5 $\forall n \in \mathbb{N}, \forall m \in \mathbb{N}, S(n) = S(m) \to n = m$.

보기 3.3 집합 $\mathbb{M} = \{0\}$에 대하여, $S(0) = 0$이라고 가정하자. 그러면 집합 $\mathbb{M}$에서 **P1**, **P2**, **P4**, **P5**가 성립하지만 $S(0) = 0$이므로 **P3**은 성립하지 않는다.

보기 3.4 집합 $\mathbb{M} = \{0, 1, 2, 3\}$에 대하여, $S(0) = 1$, $S(1) = 2$, $S(2) = 3$, $S(3) = 1$라고 가정하자. 그러면 집합 $\mathbb{M}$에서 **P1**, **P2**, **P3**, **P4**가 성립하지만 $S(0) = 1 = S(3)$이므로 **P5**는 성립하지 않는다.

보기 3.5 집단 $\mathbb{M} = \{0, 1, 2, \ldots\} \cup \{\overline{1}, \overline{2}, \ldots\}$에 대하여, $0, 1, 2, \ldots, \overline{1}, \overline{2}, \ldots$이 모두 서로 다른 원소이고

$$S(0) = 1, \quad S(1) = 2, \quad S(2) = 3, \quad \ldots, \quad S(\overline{1}) = \overline{2}, \quad S(\overline{2}) = \overline{3}, \quad \ldots$$

라고 가정하자. 그러면 집합 $\mathbb{M}$에서 **P1**, **P2**, **P3**, **P5**가 성립하지만 부분집합 $A = \{0, 1, 2, \ldots\}$에 대하여 $0 \in A$이고 $\forall n \in A, S(n) \in A$이지만 $A \neq \mathbb{M}$이므로 **P4**는 성립하지 않는다.

[1]주세페 페아노(1858–1932)는 이탈리아의 수학자이자 철학자이다.

정리 3.13에 정의된 모든 자연수의 집합 $\mathbb{N}$에 대하여, $S(n) = n^+$일 때 페아노의 공리들이 성립한다는 것을 보이자.

정리 3.11: 모든 자연수 집합의 페아노 제1 공리와 제2 공리 성립성

모든 자연수의 집합 $\mathbb{N}$에 대하여,

(가) $0 \in \mathbb{N}$, (나) $\forall n \in \mathbb{N}, n^+ \in \mathbb{N}$

이다.

증명. (가) 모든 자연수의 집합 $\mathbb{N}$은 모든 귀납집합의 교집합이고 모든 귀납집합 A에 대하여 $0 \in A$이므로 $0 \in \mathbb{N}$이다.

(나) 자연수 $n \in \mathbb{N}$에 대하여, $\mathbb{N}$이 모든 귀납집합의 교집합이므로 모든 귀납집합 A에 대하여 $n \in A$이고 A가 귀납집합이므로 $n^+ \in A$이다. 따라서 $n^+ \in \mathbb{N}$이다. □

정리 3.12: 모든 자연수 집합의 페아노 제3 공리 성립성

$\forall n \in \mathbb{N}, n^+ \neq 0.$

증명. 모든 원소 $n \in \mathbb{N}$에 대하여, $n^+ = n \cup \{n\}$이므로 $n \in n^+$이다. 따라서 $n^+ \neq \emptyset = 0$이다. □

정리 3.13: 모든 자연수 집합의 페아노 제4 공리 성립성

$\forall X \in \mathscr{P}(\mathbb{N}), ((0 \in X) \wedge (\forall n \in X, n^+ \in X)) \rightarrow X = \mathbb{N}.$

증명. 집합 X에 대하여 $0 \in X$와 $\forall n \in X, n^+ \in X$라고 가정하자. 그러면 X는 귀납집합이다. 그런데 $\mathbb{N}$는 모든 귀납집합의 교집합으로 $\mathbb{N} \subseteq X$이다. 그런데 $X \subseteq \mathbb{N}$이므로 $X = \mathbb{N}$이다. □

위의 정리를 **수학적 귀납법**이라고 한다.

정리 3.14: 자연수의 성질

자연수 $n \in \mathbb{N}$에 대하여, $\forall x \in n, x \subset n$이다.

증명. 모든 자연수 집합 $\mathbb{N}$에서 $X = \{n \in \mathbb{N} \mid \forall x \in n,\ x \subset n\}$로 놓자. 이제 수학적 귀납법을 적용하여 $X = \mathbb{N}$인 것을 보이자.

먼저 $0 \in \mathbb{N}$에 대하여, $\forall x \in 0 = \emptyset,\ x \subset 0$이므로 $0 \in X$이다.

$n \in X$라고 가정하자. $n^+ \in X$인 것을 보이기 위하여 임의의 원소 $x \in n^+$를 택하자. 그러면 $n^+ = n \cup \{n\}$이므로 $x \in n$ 또는 $x = n$이다.

(가) $x \in n$인 경우, $n \in X$이므로 $x \subset n$이다. 그런데 $n \subseteq n^+$이므로 $x \subset n^+$이다.

(나) $x = n$인 경우에는 $x = n \subset n^+$이다.

두 경우 모두 $x \subset n^+$이므로 $n^+ \in X$이다.

수학적 귀납법에 따라 $X = \mathbb{N}$이다. □

정리 3.15: 모든 자연수 집합의 페아노 제5 공리 성립성

$\forall n \in \mathbb{N}, \forall m \in \mathbb{N},\ n^+ = m^+ \to n = m.$

증명. 자연수 $n, m \in \mathbb{N}$에 대하여, $n^+ = m^+$라고 가정하자. 그러면 $n \in n^+ = m^+$이므로 $n \in m \lor n = m$이다. 또한 $m \in m^+ = n^+$이므로 $m \in n \lor m = n$이다. 따라서 $(n \in m \lor n = m) \land (m \in n \lor m = n)$이다. 만약 $n = m$이면 증명이 끝난다. $n \neq m$이라고 가정하자. 그러면 $n \in m \land m \in n$이므로 정리 3.14에 따라 $n \subset m \land m \subset n$이므로 $n \subset n$인데 이는 모순이다. □

3.3.2 자연수의 덧셈

자연수의 덧셈을 다음과 같이 정의한다.

정의 3.14: 자연수의 덧셈

자연수 n과 m에 대하여, n과 m의 합 $n + m$을 귀납적으로

(가) $n + 0 = n$,

(나) $n + m^+ = (n + m)^+$

로 정의한다.

자연수 n에 대하여, 덧셈의 정의 (가)에 따라 $n+0=n$이다. $0+n=n$인 것을 다음에서 알 수 있다.

정리 3.16: 덧셈에 대한 항등원

자연수 n에 대하여, $0+n=n$이다.

증명. 자연수 n에 대한 수학적 귀납법을 적용하기 위하여 $A=\{n\in\mathbb{N}\,|\,0+n=n\}$로 놓자.

(가) 덧셈의 정의 (가)에 따라 $0+0=0$이므로 $0\in A$이다.

(나) 자연수 n에 대하여 $n\in A$ 즉, $0+n=n$라고 가정하자. 그러면

$$\begin{aligned} 0+n^+ &= (0+n)^+ && \text{(덧셈의 정의 (나)에 따라)} \\ &= n^+ && \text{(가정에 따라)} \end{aligned}$$

이므로 $n^+\in A$이다.

(가)와 (나)에 대한 수학적 귀납법에 따라 $A=\mathbb{N}$이다. □

자연수 0에 대하여, $1=0^+$이다. 자연수 n에 대하여,

$$\begin{aligned} n^+ &= (n+0)^+ && \text{(덧셈의 정의 (가)에 따라)} \\ &= n+0^+ && \text{(덧셈의 정의 (나)에 따라)} \\ &= n+1 \end{aligned}$$

이므로 $n^+=n+1$이다. $n^+=1+n$인 것을 다음에서 알 수 있다.

정리 3.17: 자연수 다음수

자연수 n에 대하여, $n^+=1+n$이다.

증명. 자연수 n에 대한 수학적 귀납법을 적용하기 위하여 $B=\{n\in\mathbb{N}\,|\,n^+=1+n\}$로 놓자.

(가) 덧셈의 정의 (가)에 따라 $1+0=1$이므로 $0^+=1=1+0$이다. 따라서 $0\in B$이다.

(나) 자연수 n에 대하여 $n \in B$ 즉, $n^+ = 1 + n$라고 가정하자. 그러면

$$\begin{aligned} (n^+)^+ &= (1+n)^+ && \text{(가정에 따라)} \\ &= 1 + n^+ && \text{(덧셈의 정의 (나)에 따라)} \end{aligned}$$

이므로 $n^+ \in B$이다.

(가)와 (나)에 대한 수학적 귀납법에 따라 $B = \mathbb{N}$이다. □

이제 덧셈에 대한 결합법칙이 성립한다는 것을 보이자.

정리 3.18: 덧셈에 대한 결합법칙

자연수 n_1, n_2, n_3에 대하여, $(n_1 + n_2) + n_3 = n_1 + (n_2 + n_3)$이다.

증명. 자연수 n_1, n_2에 대하여, n에 대한 수학적 귀납법을 적용하기 위하여

$$A_{n_1 n_2} = \{n \in \mathbb{N} \mid (n_1 + n_2) + n = n_1 + (n_2 + n)\}$$

로 놓자.

(가) 0에 대하여 $(n_1 + n_2) + 0 = n_1 + n_2 = n_1 + (n_2 + 0)$이므로 $0 \in A_{n_1 n_2}$이다.

(나) $n \in A_{n_1 n_2}$라고 즉, $(n_1 + n_2) + n = n_1 + (n_2 + n)$라고 가정하자. 그러면

$$\begin{aligned} (n_1 + n_2) + n^+ &= ((n_1 + n_2) + n)^+ && \text{(덧셈의 정의 (나)에 따라)} \\ &= (n_1 + (n_2 + n))^+ && \text{(가정에 따라)} \\ &= n_1 + (n_2 + n)^+ && \text{(덧셈의 정의 (나)에 따라)} \\ &= n_1 + (n_2 + n^+) && \text{(덧셈의 정의 (나)에 따라)} \end{aligned}$$

이므로 $n^+ \in A_{n_1 n_2}$이다.

(가)와 (나)에 대한 수학적 귀납법에 따라 $A_{n_1 n_2} = \mathbb{N}$이다. □

덧셈에 대한 결합법칙을 이용하여 덧셈에 대한 교환법칙이 성립한다는 것을 보일 수 있다.

정리 3.19: 덧셈에 대한 교환법칙

자연수 n과 m에 대하여, $n+m=m+n$이다.

증명. 자연수 n에 대하여, 수학적 귀납법을 적용하기 위하여

$$B_n = \{m \in \mathbb{N} \,|\, n+m=m+n\}$$

로 놓자.

(가) 0에 대하여 $n+0=n=0+n$이므로 $0 \in B_n$이다.

(나) $m \in B_n$라고 즉, $n+m=m+n$라고 가정하자. 그러면

$$\begin{aligned} n+m^+ &= (n+m)^+ && \text{(덧셈의 정의 (나)에 따라)} \\ &= (m+n)^+ && \text{(가정에 따라)} \\ &= 1+(m+n) && \text{(정리 3.17에 따라)} \\ &= (1+m)+n && \text{(덧셈에 대한 결합법칙에 따라)} \\ &= m^+ + n && \text{(덧셈의 정의 (나)에 따라)} \end{aligned}$$

이므로 $m^+ \in B_n$이다.

(가)와 (나)에 대한 수학적 귀납법에 따라 $B_n = \mathbb{N}$이다. □

3.3.3 자연수의 곱셈

자연수의 곱셈을 다음과 같이 정의한다.

정의 3.15: 자연수의 곱셈

자연수 n과 m에 대하여, n과 m의 곱셈 nm을 귀납적으로

(가) $n0=0$,

(나) $nm^+ = nm+m$

로 정의한다.

자연수 n에 대하여, 곱셈의 정의 (가)에 따라 $n0 = 0$이다. $0n = 0$인 것을 다음에서 알 수 있다.

정리 3.20: 덧셈에 대한 항등원과 곱셈

자연수 n에 대하여, $0n = 0$이다.

증명. 자연수 n에 대한 수학적 귀납법을 적용하기 위하여 $A = \{n \in \mathbb{N} \,|\, 0n = 0\}$로 놓자.

(가) 자연수 0에 대하여, 곱셈의 정의 (가)에 따라 $0 \cdot 0 = 0$이므로 $0 \in A$이다.

(나) 자연수 n에 대하여 $n \in A$ 즉, $0n = 0$라고 가정하자. 그러면

$$\begin{aligned} 0n^+ &= 0n + 0 && \text{(곱셈의 정의 (나)에 따라)} \\ &= 0n && \text{(덧셈의 정의 (가)에 따라)} \\ &= 0 && \text{(가정에 따라)} \end{aligned}$$

이므로 $n^+ \in A$이다.

(가)와 (나)에 대한 수학적 귀납법에 따라 $A = \mathbb{N}$이다. □

자연수 n에 대하여,

$$\begin{aligned} n1 &= n0^+ && (0^+ = 1\text{이므로}) \\ &= n0 + n && \text{(곱셈의 정의 (나)에 따라)} \\ &= 0 + n && \text{(곱셈의 정의 (가)에 따라)} \\ &= n && \text{(정리 3.16에 따라)} \end{aligned}$$

이므로 $n1 = n$이다. $1n = n$인 것을 다음에서 알 수 있다.

정리 3.21: 곱셈에 대한 항등원

자연수 n에 대하여, $1n = n$이다.

증명. 자연수 n에 대하여, $A = \{n \in \mathbb{N} \,|\, 1n = n\}$로 놓자. 자연수 n에 대한 수학적 귀납법을 적용하자.

(가) 곱셈의 정의 (가)에 따라 $1 \cdot 0 = 0$이므로 $0 \in A$이다.

(나) 자연수 n에 대하여 $n \in A$ 즉, $1n = n$라고 가정하자. 그러면

$$\begin{aligned} 1n^+ &= 1n + 1 && \text{(곱셈의 정의 (나)에 따라)} \\ &= n + 1 && \text{(가정에 따라)} \\ &= n^+ && (n+1 = n^+\text{이므로}) \end{aligned}$$

이므로 $n^+ \in A$이다.

(가)와 (나)에 대한 수학적 귀납법에 따라 $A = \mathbb{N}$이다. □

정리 3.22: 자연수 덧셈과 곱셈에 대한 분배법칙

자연수 n_1, n_2, n_3에 대하여,

(가) $n_1(n_2 + n_3) = n_1n_2 + n_1n_3$,

(나) $(n_1 + n_2)n_3 = n_1n_3 + n_2n_3$,

이다.

증명. (가) 자연수 n_1과 n_2에 대하여

$$A_{n_1n_2} = \{n \in \mathbb{N} \,|\, n_1(n_2 + n) = n_1n_2 + n_1n\}$$

로 놓자. 자연수 n에 대한 수학적 귀납법을 적용하자.

(1) 자연수 0에 대하여 $n_1(n_2 + 0) = n_1n_2 = n_1n_2 + 0 = n_1n_2 + n_10$이므로 $0 \in A_{n_1n_2}$이다.

(2) $n \in A_{n_1n_2}$ 즉, $n_1(n_2 + n) = n_1n_2 + n_1n$라고 가정하자. 그러면

$$\begin{aligned} n_1(n_2 + n^+) &= n_1(n_2 + n)^+ && \text{(덧셈의 정의 (나)에 따라)} \\ &= n_1(n_2 + n) + n_1 && \text{(곱셈의 정의 (나)에 따라)} \\ &= (n_1n_2 + n_1n) + n_1 && \text{(가정에 따라)} \\ &= n_1n_2 + (n_1n + n_1) && \text{(덧셈에 대한 결합법칙에 따라)} \\ &= n_1n_2 + n_1n^+ && \text{(곱셈의 정의 (나)에 따라)} \end{aligned}$$

이므로 $n^+ \in A_{n_1n_2}$이다.

(1)과 (2)에 대한 수학적 귀납법에 따라 $A_{n_1n_2} = \mathbb{N}$이다.

(나) 이 경우도 (가)와 같은 방법으로 증명할 수 있다. □

다음과 같이 곱셈에 대한 결합법칙이 성립한다는 것을 보일 수 있다.

정리 3.23: 곱셈에 대한 결합법칙

자연수 n_1, n_2, n_3에 대하여, $(n_1n_2)n_3 = n_1(n_2n_3)$이다.

증명. 자연수 n_1, n_2에 대하여, $A_{n_1n_2} = \{n \in \mathbb{N} \,|\, (n_1n_2)n = n_1(n_2n)\}$로 놓자. 자연수 n에 대한 수학적 귀납법을 적용하여 $A_{n_1n_2} = \mathbb{N}$인 것을 보이자.

(가) 0에 대하여 $(n_1n_2)0 = 0 = n_10 = n_1(n_20)$이므로 $0 \in A_{n_1n_2}$이다.

(나) $n \in A_{n_1n_2}$ 즉, $(n_1n_2)n = n_1(n_2n)$라고 가정하자. 그러면

$$\begin{aligned}(n_1n_2)n^+ &= (n_1n_2)n + n_1n_2 && \text{(곱셈의 정의 (나)에 따라)}\\ &= n_1(n_2n) + n_1n_2 && \text{(가정에 따라)}\\ &= n_1(n_2n + n_2) && \text{(분배법칙에 따라)}\\ &= n_1(n_2n^+) && \text{(곱셈의 정의 (나)에 따라)}\end{aligned}$$

이므로 $n^+ \in A_{n_1n_2}$이다.

(가)와 (나)에 대한 수학적 귀납법에 따라 $A_{n_1n_2} = \mathbb{N}$이다. □

곱셈에 대한 교환법칙이 성립한다는 것을 보이자.

정리 3.24: 곱셈에 대한 교환법칙

자연수 n과 m에 대하여, $nm = mn$이다.

증명. 자연수 n에 대하여 $B_n = \{m \in \mathbb{N} \,|\, nm = mn\}$로 놓자. 자연수 m에 대한 수학적 귀납법을 적용하자.

(가) 0에 대하여 $0n = 0 = n0$이므로 $0 \in B_n$이다.

(나) $m \in B_n$ 즉, $nm = mn$라고 가정하자. 그러면

$$\begin{aligned} nm^+ &= nm + n && \text{(곱셈의 정의 (나)에 따라)} \\ &= mn + 1n && (nm = mn\text{이고 } n = 1n\text{이므로}) \\ &= (m+1)n && \text{(분배법칙에 따라)} \\ &= m^+ n && (m + 1 = m^+\text{이므로}) \end{aligned}$$

이다. 따라서 $m^+ \in B_n$이다.

(가)와 (나)에 대한 수학적 귀납법에 따라 $B_n = \mathbb{N}$이다. □

연습문제 3.3

1. 집합 X에 대하여, $\forall x \in X,\ x \subseteq X$이면 X는 **추이적 집합**이라고 한다. 만약 X와 Y가 추이적 집합이면 $X \cap Y$와 $X \cup Y$도 추이적 집합인 것을 증명하라.

2. 모든 자연수의 집합 $\mathbb{N}$이 추이적 집합인 것을 증명하라.

3. 원소 x, n와 모든 자연수의 집합 $\mathbb{N}$에 대하여, $x \in n$ 그리고 $n \in \mathbb{N}$이면 $x \in \mathbb{N}$인 것을 증명하라.

4. 자연수 $n \in \mathbb{N}$에 대하여, $n \notin n$인 것을 증명하라.

5. 자연수 $n, m \in \mathbb{N}$에 대하여, $n \in m$이면 $m \notin n$인 것을 증명하라.

6. 모든 자연수의 집합 $\mathbb{N}$에 대하여, $\bigcup_{n \in \mathbb{N}} n = \mathbb{N}$인 것을 증명하라.

3.4 선택공리

집합 $U = \{1,2,3,4,5,6,7,8\}$와 부분집합

$$A_1 = \{1,2,3\}, \quad A_2 = \{4,5\}, \quad A_3 = \{6,7,8\}$$

에 대하여, 집합 $\mathcal{P} = \{A_1, A_2, A_3\}$는 U의 분할이다. 이때 집합 $C = \{2,5,6\}$는 분할의 각 원소에서 한 개씩 선택하여 구성된 집합이다. 이 경우에 집합 $\mathcal{P}$가 유한 집합이므로 각 집합 A_1, A_2, A_3에서 한 개의 원소를 선택하여 집합 C를 구성할 수 있다. 그런데 집합의 분할이 유한집합이 아닌 경우에 앞에 나온 공리들만으로는 위와 같은 집합 C를 구성할 수 있다는 보장이 안된다. 위와 같은 집합 C의 존재성을 보장하기 위하여 새로운 공리가 필요하다.

공리 9: 선택공리

공집합이 아닌 집합을 원소로 하는 집합족 $\mathscr{F}$에 대하여, $\forall X \in \mathscr{F}, \varphi(X) \in X$인 함수 $\varphi\colon \mathscr{F} \to \bigcup_{X\in\mathscr{F}} X$가 존재한다.

위의 공리에 나오는 함수 $\varphi\colon \mathscr{F} \to \bigcup_{X\in\mathscr{F}} X$를 $\mathscr{F}$에 정의된 **선택함수**라고 한다.

선택공리를

$$\forall \mathscr{F}, (\mathrm{Set}(\mathscr{F}) \wedge \emptyset \notin \mathscr{F}) \to \left(\exists \varphi\colon \mathscr{F} \to \bigcup_{X\in\mathscr{F}} X, \forall X \in \mathscr{F}, \varphi(X) \in X\right)$$

와 같이 나타낼 수 있다.

보기 3.6 집합 $U = \{1,2,3,4,5,6,7\}$의 분할 $\mathcal{P} = \{\{1,2,3\},\{4,5\},\{6,7\}\}$에 대하여,

$$\varphi(\{1,2,3\}) = 2, \qquad \varphi(\{4,5\}) = 5, \qquad \varphi(\{6,7\}) = 6$$

와 같이 정의된 함수 $\varphi\colon \mathcal{P} \to U$는 분할 $\mathcal{P}$에 정의된 선택함수이다.

선택공리와 논리적으로 동치이면서 다르게 표현된 여러 명제들이 있다. 다음 명제는 그 중에 하나이다.

선택공리 1

공집합이 아닌 집합 X에 대하여, X의 분할 $\mathcal{P}$의 각 원소에서 하나씩 선택하여 만든 집합 C가 존재한다.

위의 공리에서 집합 C를 X의 분할 $\mathcal{P}$에 대한 **선택집합**이라고 한다.

선택공리가 성립하면 선택공리 1이 성립한다는 것을 보이자. 선택공리가 성립한다고 가정하자. 공집합이 아닌 집합 X에 대하여, 집합족 $\mathcal{P}$가 X의 분할일 때 선택공리에 따라 선택함수 $\varphi\colon \mathcal{P} \to X$가 존재한다. 그러면 집합 $\varphi(\mathcal{P})$가 분할 $\mathcal{P}$에 대한 선택집합이다.

역으로 선택공리 1이 성립하면 선택공리가 성립한다는 것을 보이자. 선택공리 1이 성립한다고 가정하자. 공집합이 아닌 집합을 원소로 하는 임의의 집합족을 $\mathscr{F}$로 놓자. 각각의 원소 $A \in \mathscr{F}$에 대하여

$$S_A = \{(A, x) \,|\, x \in A\}$$

로 놓자. 원소 $A, B \in \mathscr{F}$에 대하여, $A \neq B$이면 $S_A \cap S_B = \emptyset$이다. 집합족 $\{S_X\}_{X \in \mathscr{F}}$는 쌍별로 서로 소인 공집합이 아닌 집합이 원소인 집합족이므로 선택공리 1에 따라 각 S_A에서 하나의 원소 (A, a)만 선택하여 만들어진 집합 C가 존재한다. 그러면 $C\colon \mathscr{F} \to \bigcup_{X \in \mathscr{F}} X$는 $\mathscr{F}$에 정의된 선택함수이다.

다음 정리의 증명에서 선택공리가 필요하다.

정리 3.25: 위로의 함수이기 위한 필요충분조건

함수 $f\colon X \to Y$에 대하여, $f \circ g = \mathcal{I}_Y$인 함수 $g\colon Y \to X$가 존재함은 함수 $f\colon X \to Y$가 위로의 함수이기 위한 필요충분조건이다.

증명. $f \circ g = \mathcal{I}_Y$인 함수 $g\colon Y \to X$가 존재한다고 가정하자. 임의의 원소 $y \in Y$에 대하여,

$$y = \mathcal{I}_Y(y) = (f \circ g)(y) = f(g(y)) \in f(X)$$

이므로 $y \in \operatorname{im} f$이다. 따라서 함수 $f\colon X \to Y$는 위로의 함수이다.

함수 $f\colon X \to Y$가 위로의 함수라고 가정하자. 그러면 임의의 원소 $y \in Y$에 대하여, $f^{-1}(\{y\})$는 X의 공집합이 아닌 부분집합이다. 집합족

$$\mathscr{F} = \{f^{-1}(\{y\}) \in \mathcal{P}(X) \,|\, y \in Y\}$$

에 대한 선택함수 $\varphi\colon \mathscr{F} \to X$를 고정하자. 함수 $g\colon Y \to X$를

$$g(y) = \varphi(f^{-1}(\{y\}))$$

로 정의하자. 임의의 $y \in Y$에 대하여

$$(f \circ g)(y) = f(g(y)) = f(\varphi(f^{-1}(\{y\}))) = y = \mathcal{I}_Y(y)$$

이므로 $f \circ g = \mathcal{I}_Y$이다. □

선택공리와 논리적으로 동치인 명제들은 매우 많은데 그 중에서 유명한 명제로

(가) 하우스도르프의 극대원리,

(나) 조른의 보조정리,

(다) 체르멜로의 정렬정리

등이 있다. 뒤에서 이들 명제가 선택공리와 논리적으로 동치인 것을 보인다.

3.4.1 하우스도르프의 극대원리와 조른의 보조정리

하우스도르프의 극대원리는 부분순서집합에 대한 정리이다. 이 정리를 나타내기 위하여 몇 가지를 정의하자.

정의 3.16: 상계

부분순서집합 $(U, \leq)$의 부분집합 A와 원소 $a \in U$에 대하여, $\forall x \in A,\ x \leq a$이면 a는 A의 **상계**라고 한다.

정의 3.17: 최소상계

부분순서집합 $(U, \leq)$의 부분집합 A와 원소 $m \in U$에 대하여,

(가) m이 A의 상계이고, (나) A의 모든 상계 x에 대하여 $m \leq x$

이면 m은 A의 **최소상계**라고 한다.[a]

[a]최소상계를 **상한**이라고도 한다.

자신보다 더 큰 원소가 존재하지 않는 원소를 다음과 같이 정의한다.

정의 3.18: 극대원소

부분순서집합 $(U, \leq)$와 원소 $m \in U$에 대하여, $\forall x \in U,\ m \leq x \rightarrow m = x$이면 m은 **극대원소**라고 한다.

위의 정의에 따라 m이 극대원소가 아니면 $\exists x \in U,\ m \leq x \wedge m \neq x$이므로 $\exists x \in U,\ m < x$이다.

위의 정의들과 대칭적으로 다음을 정의한다.

정의 3.19: 하계

부분순서집합 $(U, \leq)$의 부분집합 A와 원소 $b \in U$에 대하여, $\forall x \in A,\ b \leq x$ 이면 b는 A의 **하계**라고 한다.

부분집합의 하계 중에서 가장 큰 하계를 다음과 같이 정의한다.

정의 3.20: 최대하계

부분순서집합 $(U, \leq)$의 부분집합 A와 원소 $m \in U$에 대하여,

(가) m이 A의 하계이고, (나) A의 모든 하계 x에 대하여 $x \leq m$

이면 m은 A의 **최대하계**라고 한다.[a]

[a]최대하계를 **하한**이라고도 한다.

자신보다 더 작은 원소가 존재하지 않는 원소를 다음과 같이 정의한다.

정의 3.21: 극소원소

부분순서집합 $(U, \leq)$와 원소 $m \in U$에 대하여, $\forall x \in U,\ x \leq m \rightarrow m = x$이면 m은 **극소원소**라고 한다.

위의 정의에 따라 m이 극소원소가 아니면 $\exists x \in U,\ x \leq m \wedge m \neq x$이므로 $\exists x \in U,\ x < m$이다.

다음 정리는 하우스도르프의 극대원리를 증명하는데 매우 중요하다.

정리 3.26: 고정점정리

공집합이 아닌 부분순서집합 $(X, \leq)$와 함수 $f\colon X \to X$에 대하여,

(가) X의 모든 사슬 A에 대하여 A의 최소상계 $m \in X$이 존재하고,

(나) $\forall x \in X,\, x \leq f(x)$

이면 $f(x_0) = x_0$인 원소 $x_0 \in X$이 존재한다.

증명. 점 $x_1 \in X$를 고정하자. 부분집합 $A \subseteq X$에 대하여,

(1) $x_1 \in A$,

(2) $f(A) \subseteq A$,

(3) 부분집합 A의 임의의 사슬의 최소상계가 A에 속한다

이면 A는 **특정 부분집합**이라고 하자. 집합 X의 모든 특정 부분집합들의 모임을 $\mathcal{A}$로 놓자. 집합 X도 특정 부분집합하므로 $\mathcal{A} \neq \emptyset$이다. 특정 부분집합들의 교집합도 특정 부분집합이므로 부분순서집합 $(\mathcal{A}, \subseteq)$의 유일한 극소원소 $A_0 = \bigcap_{X \in \mathcal{A}} X$가 존재한다. $x_1 \in A_0$이므로 $A_0 \neq \emptyset$이다. 만일 A_0이 사슬임이 증명되면 사슬 A_0의 최소상계 $x_0 \in A_0$이 존재하고 $x_0 \leq f(x_0) \leq x_0$이므로 $f(x_0) = x_0$이다. 따라서 증명이 완료된다.

이제 집합 A_0이 사슬인 것을 증명하자. 부분집합 $\{x \in X \mid x_1 \leq x\}$이 특정 부분집합이므로 $A_0 \subseteq \{x \in X \mid x_1 \leq x\}$이다. 따라서

$$\forall x \in A_0,\; x_1 \leq x \tag{3.1}$$

이다. 집합 B를

$$B = \{x \in A_0 \mid \forall y \in A_0,\; y < x \;\to\; f(y) \leq x\}$$

로 놓자. 명제 (3.1)에 따라, 임의의 원소 $y \in A_0$에 대하여 $y < x_1$이 거짓이므로 $y < x_1 \;\to\; f(y) \leq x_1$은 참이다. 따라서 $x_1 \in B$이므로 $B \neq \emptyset$이다. 임의의 원소 $x \in B$에 대하여

$$C_x = \{y \in A_0 \mid y \leq x \vee f(x) \leq y\}$$

로 놓자.

(1) 명제 (3.1)에 따라 $x_1 \in C_x$이다.

(2) $f(C_x) \subseteq C_x$인 것을 보이자. $z \in f(C_x)$라고 가정하자. $f(y) = z$인 $y \in C_x$를 택하자. 그러면 $y \le x$ 또는 $f(x) \le y$이다. 만약 $f(x) \le y$이면 $f(x) \le y \le f(y)$이고, 만약 $y = x$이면 $f(y) = f(x)$이고, 만약 $y < x$이면 $x \in B$이므로 $f(y) \le x$이다. 따라서 $z = f(y) \in C_x$이다.

(3) 부분집합 C_x의 임의의 사슬 S의 최소상계를 u_0으로 놓자. 만약 $\forall y \in S,\, y \le x$이면 $u_0 \le x$이고 만약 $\exists y \in S,\, f(x) \le y$이면 $f(x) \le u_0$이므로 $u_0 \in C_x$이다.

위의 (1), (2), (3)에 따라 C_x는 특정 부분집합이다. 그러면 $C_x \subseteq A_0$이고 $A_0 \subseteq C_x$이므로 $C_x = A_0$이다. 따라서

$$\forall x \in B,\, \forall y \in A_0,\, y \le x \vee f(x) \le y \tag{3.2}$$

이다.

집합 B가 특정 부분집합인 것을 보이자.

(1) 모든 $y \in A_0$에 대하여, $y < x_1$가 거짓이므로 $y < x_1 \to f(y) \le x_1$은 참이다. 따라서 $x_1 \in B$이다.

(2) $f(B) \subseteq B$인 것을 보이자. $z \in f(B)$라고 가정하자. $z = f(x)$인 $x \in B$를 택하자. 그러면 $\forall y \in A_0,\, y < x \to f(y) \le x$이다. 원소 $y \in A_0$에 대하여, $y < f(x)$라고 가정하자. 명제 (3.2)에 따라 $y \le x$ 또는 $f(x) \le y$이므로 가정 $y < f(x)$에 따라 $y \le x$이다. 만약 $y < x$이면 $f(y) \le x \le f(x)$이고, 만약 $y = x$이면 $f(y) = f(x)$이므로 $f(y) \le f(x)$이다. 따라서 $f(x) \in B$이다.

(3) 부분집합 B의 임의의 사슬 S의 최소상계를 u_0으로 놓자. 원소 $y \in A_0$에 대하여, $y < u_0$라고 가정하자. 임의의 원소 $x \in S$에 대하여 명제 (3.2)에 따라 $y \le x$ 또는 $f(x) \le y$이다. 만약 $\forall x \in S,\, f(x) \le y$이면 $u_0 \le y$인데 이는 가정 $y < u_0$에 모순이다. 따라서 $y \le x_2$인 원소 $x_2 \in S$가 존재한다. 만약 $y < x_2$이면 부분집합 B의 정의에 따라 $f(y) \le x_2$이므로 $f(y) \le u_0$이고, 만약 $y = x_2$이면 가정 $y < u_0$에 따라 $y < z$인 원소 $z \in S$가 존재하므로 부분집합 B의 정의에 따라 $f(y) \le z \le u_0$이다. 따라서 $u_0 \in B$이다.

위의 (1), (2), (3)에 따라 집합 B가 특정 부분집합이므로 $B = A_0$이다. 명제 (3.2)에 따라 $\forall x \in A_0,\, \forall y \in A_0,\, y \le x \vee x \le f(x) \le y$이므로 A_0은 사슬이다. □

선택공리가 성립하면 다음의 정리가 성립한다는 것을 증명에서 보인다.

정리 3.27: 하우스도르프의 극대원리

공집합이 아닌 부분순서집합 $(X, \leq)$의 모든 사슬들의 집합족 $\mathscr{F}$에 대하여, 부분순서집합 $(\mathscr{F}, \subseteq)$에서 극대원소 $M \in \mathscr{F}$이 존재하다.[a]

[a]펠릭스 하우스도르프(1868–1942)는 독일의 수학자로서 위상수학을 창시하는데 기여했으며 집합론에 큰 영향을 끼쳤다.

증명. 선택공리가 성립한다고 가정하자. 위의 정리가 성립한다는 것을 귀류법을 적용하여 증명하기 위하여 부분순서집합 $(\mathscr{F}, \subseteq)$에서 극대원소가 존재하지 않는다고 가정하자. 그러면 각 원소 $A \in \mathscr{F}$에 대하여, 집합 $A^* = \{Y \in \mathscr{F} \mid A \subset Y\}$는 공집합이 아니다. 선택공리에 따라 존재하는 선택함수 $\varphi\colon (\mathscr{P}(\mathscr{F}) - \{\emptyset\}) \to \mathscr{F}$에 대하여, 함수 $f\colon \mathscr{F} \to \mathscr{F}$를 $f(Y) = \varphi(Y^*)$로 정의하자. 그러면 $Y \subset f(Y)$이다. 부분순서집합 $(\mathscr{F}, \subseteq)$와 함수 $f\colon \mathscr{F} \to \mathscr{F}$에 대하여,

(가) $\mathscr{F}$의 임의의 사슬 $\mathscr{G}$의 최소상계 $\displaystyle\bigcup_{Y \in \mathscr{G}} Y \in \mathscr{F}$가 존재하고

(나) 모든 원소 $Y \in \mathscr{F}$에 대하여 $Y \subset f(Y)$이다.

따라서 고정점정리에 따라 $f(Y) = Y$인 원소 $Y \in \mathscr{F}$가 존재한다. 이는 모든 $Y \in \mathscr{F}$에 대하여 $Y \subset f(Y)$임에 모순이다. □

이제 하우스도르프의 극대원리가 성립하면 다음의 정리가 성립한다는 것을 증명에서 보이자.

정리 3.28: 조른의 보조정리

공집합이 아닌 부분순서집합 $(X, \leq)$에 대하여, 모든 사슬의 상계가 존재하면 극대원소 $m \in X$이 존재한다.

증명. 하우스도르프의 극대원리가 성립한다고 가정하자. 부분순서집합 $(X, \leq)$의 모든 사슬의 상계가 존재한다고 가정하자. 하우스도르프 극대원리에 따라 부분순서집합 $(X, \leq)$의 모든 사슬들의 집합족 $\mathscr{F}$에 대하여 부분순서집합 $(\mathscr{F}, \subseteq)$에서 극대원소 $M \in \mathscr{F}$이 존재한다. 가정에 따라 M의 상계 $m \in X$이 존재한다. 원소 m이 극대원소인 것을 귀류법으로 보이기 위하여 m이 극대원소가 아니라고 가정하자.

그러면 $m < a$인 원소 $a \in X$를 택할 수 있다. m이 M의 상계이고 $m < a$이므로 모든 $x \in M$에 대하여 $x < a$이다. 따라서 $M \cup \{a\}$는 사슬인데 이는 M이 부분순서집합 $(\mathscr{F}, \subseteq)$에서 극대원소이라는 사실에 모순이다. 따라서 m은 극대원소이다. □

3.4.2 정렬정리

정렬집합을 정의하기 위하여 다음을 정의하자.

정의 3.22: 최소원소

부분순서집합 $(U, \leq)$의 부분집합 A와 $x_0 \in A$에 대하여, $\forall x \in A$, $x_0 \leq x$이면 x_0을 A의 **최소원소**라고 한다.

부분집합 A의 최소원소가 존재하면 이는 유일하다. 만약 원소 $x_0 \in A$와 $x_1 \in A$이 A의 최소원소이면 $x_0 \leq x_1$ 그리고 $x_1 \leq x_0$이므로 $x_0 = x_1$이기 때문이다.

정의 3.23: 정렬집합

부분순서집합 $(U, \leq)$에 대하여, 공집합이 아닌 모든 부분집합의 최소원소가 존재하면 $(U, \leq)$는 **정렬집합**이라고 한다. 집합 $(U, \leq)$가 정렬집합이면 $\leq$는 **정렬관계**라고 한다. 집합 U에 대하여, U에 대한 정렬관계가 존재하면 U는 **정렬가능하다**라고 한다.

모든 정렬집합은 전순서집합이다.

정리 3.29: 정렬집합의 전순서성

부분순서집합 $(X, \leq)$에 대하여, $(X, \leq)$이 정렬집합이면 $(X, \leq)$는 전순서집합이다.

증명. 부분순서집합 $(X, \leq)$이 정렬집합이라고 가정하자. 임의의 원소 $x, y \in X$에 대하여 집합 $\{x, y\}$에서 최소원소가 존재하므로 $x \leq y$이거나 $y \leq x$이다 □

보기 3.7 유한집합은 정렬가능하다.

보기 3.8 모든 정수 전체의 집합 $\mathbb{Z}$와 표준순서관계 $\leq$에 대하여, $(\mathbb{Z}, \leq)$는 정렬집합이 아니다. 모든 음수 정수의 집합 A는 $\mathbb{Z}$의 공집합이 아닌 부분집합이지만 최소원소가 존재하지 않기 때문이다.

보기 3.9 모든 자연수의 집합 $\mathbb{N}$와 표준순서관계 $\leq$에 대하여, $(\mathbb{N}, \leq)$는 정렬집합이다.

부분순서집합 사이에 다음과 같이 순서동형함수를 정의한다.

정의 3.24: 순서동형함수

부분순서집합 $(A, \leq_A)$에서 부분순서집합 $(B, \leq_B)$로 함수 $f\colon A \to B$에 대하여, $f\colon A \to B$가 일대일 대응이고 모든 $x_1, x_2 \in A$에 대하여 $x_1 \leq_A x_2 \leftrightarrow f(x_1) \leq_B f(x_2)$이면 함수 $f\colon A \to B$는 **순서동형**이라고 한다.

부분순서집합 $(A, \leq_A)$와 부분순서집합 $(B, \leq_B)$에 대하여, A에서 B로 순서동형함수가 존재하면 A는 B와 **순서동형**이라고 한다.

보기 3.10 모든 실수의 집합 $\mathbb{R}$에 대하여, $A_0 = \left\{1 - \dfrac{1}{1+n} \in \mathbb{R} \,\middle|\, n \in \mathbb{N}\right\}$일 때 $(A_0, \leq)$는 정렬집합이다. 자연수 n에 대하여 $f(n) = 1 - \dfrac{1}{1+n}$로 정의되는 함수 $f\colon \mathbb{N} \to A_0$는 순서동형이므로 정렬집합 $(A_0, \leq)$는 $(\mathbb{N}, \leq)$와 순서동형이다.

보기 3.11 모든 실수의 집합 $\mathbb{R}$에 대하여,

$$A_0 = \left\{1 - \frac{1}{1+n} \in \mathbb{R} \,\middle|\, n \in \mathbb{N}\right\}, \quad A_1 = \left\{2 - \frac{1}{1+n} \in \mathbb{R} \,\middle|\, n \in \mathbb{N}\right\}$$

일 때 $(A_0 \cup A_1, \leq)$는 정렬집합이다.

집합 U에 대하여, 정렬관계가 정의된 모든 부분집합들의 집합족을

$$\mathscr{A} = \{(A, \mathscr{R}) \in \mathcal{P}(U) \times \mathcal{P}(U \times U) \,|\, \mathscr{R}\text{은 } A\text{에서 정렬관계}\}$$

로 놓자. 집합 U에서 정렬관계가 정의된 부분집합 사이에 다음과 같이 순서관계를 정의한다.

정의 3.25: 정렬관계가 정의된 부분집합들 사이의 관계

집합 U에 대한 집합족 $\mathscr{A}$에 대하여,

(가) $A_0 \subseteq A_1$,

(나) $\mathscr{R}_0 \subseteq \mathscr{R}_1$,

(다) $\forall x \in U, \forall y \in U, (x \in A_0 \wedge y \in A_1 - A_0) \to (x,y) \in \mathscr{R}_1$

이면 $(A_0, \mathscr{R}_0) \preceq (A_1, \mathscr{R}_1)$로 정의한다.

보기 3.12 집합 U에 대한 집합족 $\mathscr{A}$에 대하여, $(A_0, \mathscr{R}_0) \preceq (A_1, \mathscr{R}_1)$이라고 가정하자. 정렬관계 $\mathscr{R}_0$에 대한 집합 $A_0 = \{x_0, x_1, x_2\}$에 대하여 $x_0 < x_1 < x_2$일 때, 정렬관계 $\mathscr{R}_1$에 대한 집합 A_1에 대하여 A_1에 포함되고 x_2보다 작거나 같은 원소는 x_0, x_1, x_2 뿐이고 이때 $x_0 < x_1 < x_2$이다.

위에 정의된 관계 $\preceq$는 순서관계이다.

정리 3.30: 정렬관계가 정의된 부분집합들 사이의 순서관계

집합 X에 대한 집합족 $\mathscr{A}$에 대하여, 관계 $\preceq$는 집합족 $\mathscr{A}$에서 순서관계이다.

증명. (가) 모든 $(A, \mathscr{R}) \in \mathscr{A}$에 대하여 $A \subseteq A$이고 $\mathscr{R} \subseteq \mathscr{R}$이다. 또한 모든 $x, y \in X$에 대하여 $y \in A - A$가 아니므로 $(x \in A \wedge y \in A - A) \to (x,y) \in \mathscr{R}$이다. 따라서 $\preceq$는 반사적이다.

(나) 집합 $\mathscr{A}$의 원소 $(A_0, \mathscr{R}_0)$와 $(A_1, \mathscr{R}_1)$에 대하여, $(A_0, \mathscr{R}_0) \preceq (A_1, \mathscr{R}_1)$ 그리고 $(A_1, \mathscr{R}_1) \preceq (A_0, \mathscr{R}_0)$라고 가정하자. 그러면

$$A_0 \subseteq A_1 \wedge A_1 \subseteq A_0 \wedge \mathscr{R}_0 \subseteq \mathscr{R}_1 \wedge \mathscr{R}_1 \subseteq \mathscr{R}_0$$

이므로 $(A_0, \mathscr{R}_0) = (A_1, \mathscr{R}_1)$이다.

(다) 원소 $(A_0, \mathscr{R}_0), (A_1, \mathscr{R}_1), (A_2, \mathscr{R}_2) \in \mathscr{A}$에 대하여 $(A_0, \mathscr{R}_0) \preceq (A_1, \mathscr{R}_1)$ 그리고 $(A_1, \mathscr{R}_1) \preceq (A_2 . \mathscr{R}_2)$라고 가정하자. 그러면

$$A_0 \subseteq A_1 \wedge A_1 \subseteq A_2 \quad \text{그리고} \quad \mathscr{R}_0 \subseteq \mathscr{R}_1 \wedge \mathscr{R}_1 \subseteq \mathscr{R}_2$$

이므로 (1) $A_0 \subseteq A_2$ 그리고 (2) $\mathscr{R}_0 \subseteq \mathscr{R}_2$이다. (3) 또한

$$\begin{aligned}
&\forall x \in X, \forall y \in X, (x \in A_0 \land y \in A_1 - A_0) \to (x, y) \in \mathscr{R}_1, \\
&\forall x \in X, \forall y \in X, (x \in A_1 \land y \in A_2 - A_1) \to (x, y) \in \mathscr{R}_2
\end{aligned}$$

이므로, 원소 $x, y \in X$에 대하여

$$\begin{aligned}
x \in A_0 \land y \in A_2 - A_0 &\to (x \in A_0) \land (y \in A_1 - A_0 \lor y \in A_2 - A_1) \\
&\to (x \in A_0 \land y \in A_1 - A_0) \lor (x \in A_0 \land y \in A_2 - A_1) \\
&\to (x \in A_0 \land y \in A_1 - A_0) \lor (x \in A_1 \land y \in A_2 - A_1) \\
&\to (x, y) \in \mathscr{R}_1 \lor (x, y) \in \mathscr{R}_2 \\
&\to (x, y) \in \mathscr{R}_2
\end{aligned}$$

이다. (1), (2), (3)에 따라 $(A_0, \mathscr{R}_0) \preceq (A_2, \mathscr{R}_2)$이다. 따라서 $\preceq$는 추이적이다.

위의 (가), (나), (다)에 따라 $\preceq$는 순서관계이다. □

다음 정리는 정렬정리를 증명하는데 중요하다.

정리 3.31: 정렬가능한 부분집합의 성질

집합 X에 대한 부분순서집합 $(\mathscr{A}, \preceq)$의 사슬 $\mathscr{C} = \{(A_i, \mathscr{R}_i)\}_{i \in I}$에 대하여,

$$A = \bigcup_{i \in I} A_i, \qquad \mathscr{R} = \bigcup_{i \in I} \mathscr{R}_i$$

로 놓으면 $(A, \mathscr{R}) \in \mathscr{A}$이고 $(A, \mathscr{R})$는 $\mathscr{C}$의 상계이다.

증명. $(A, \mathscr{R}) \in \mathscr{A}$인 것을 보이기 위하여 집합 $\mathscr{R}$이 A에서 정렬관계인 것을 보이자.

먼저

$$\begin{aligned}
(x, y) \in \mathscr{R} &\to \exists i \in I, (x, y) \in \mathscr{R}_i && (\mathscr{R} = \textstyle\bigcup_{i \in I} \mathscr{R}_i) \\
&\to \exists i \in I, (x, y) \in A_i \times A_i && (\mathscr{R}_i \subseteq A_i \times A_i) \\
&\to (x, y) \in A \times A && (A_i \subseteq A)
\end{aligned}$$

이므로 $\mathscr{R} \subseteq A \times A$이다. 따라서 $\mathscr{R}$은 A에서 관계이다.

이제 $\mathscr{R}$이 A에서 순서관계인 것을 보이자.

(1) 원소 $x \in X$에 대하여

$$\begin{aligned} x \in A &\rightarrow \exists i \in I,\ x \in A_i & \left(A = \bigcup_{i \in I} A_i\right) \\ &\rightarrow \exists i \in I,\ (x, x) \in \mathscr{R}_i & (\mathscr{R}_i\text{는 } A_i\text{에서 순서관계}) \\ &\rightarrow (x, x) \in \mathscr{R} & \left(\mathscr{R} = \bigcup_{i \in I} \mathscr{R}_i\right) \end{aligned}$$

이므로, $\mathscr{R}$은 반사적이다.

(2) 원소 $x, y \in X$에 대하여

$$\begin{aligned} &(x, y) \in \mathscr{R} \wedge (y, x) \in \mathscr{R} \\ &\quad\rightarrow (\exists i \in I,\ (x, y) \in \mathscr{R}_i) \\ &\qquad \wedge (\exists j \in I,\ (y, x) \in \mathscr{R}_j) & \left(\mathscr{R} = \bigcup_{i \in I} \mathscr{R}_i\right) \\ &\quad\rightarrow (\exists i \in I,\ (x, y) \in \mathscr{R}_i \wedge (y, x) \in \mathscr{R}_i) \\ &\qquad \vee (\exists j \in I,\ (x, y) \in \mathscr{R}_j \wedge (y, x) \in \mathscr{R}_j) & (\mathscr{R}_j \subseteq \mathscr{R}_i \vee \mathscr{R}_i \subseteq \mathscr{R}_j) \\ &\quad\rightarrow x = y & (\mathscr{R}_i\text{와 } \mathscr{R}_j\text{는 반대칭적}) \end{aligned}$$

이므로, $\mathscr{R}$은 반대칭적이다.

(3) 원소 $x, y, z \in X$에 대하여

$$\begin{aligned} &(x, y) \in \mathscr{R} \wedge (y, z) \in \mathscr{R} \\ &\rightarrow (\exists i \in I,\ (x, y) \in \mathscr{R}_i) \wedge (\exists j \in I,\ (y, z) \in \mathscr{R}_j) & \left(\mathscr{R} = \bigcup_{i \in I} \mathscr{R}_i\right) \\ &\rightarrow (\exists i \in I,\ (x, y) \in \mathscr{R}_i \wedge (y, z) \in \mathscr{R}_i) \\ &\quad \vee (\exists j \in I,\ (x, y) \in \mathscr{R}_j \wedge (y, z) \in \mathscr{R}_j) & (\mathscr{R}_j \subseteq \mathscr{R}_i \vee \mathscr{R}_i \subseteq \mathscr{R}_j) \\ &\rightarrow (\exists i \in I,\ (x, , z) \in \mathscr{R}_i) \vee (\exists j \in I,\ (x, , z) \in \mathscr{R}_j) & (\mathscr{R}_i,\ \mathscr{R}_j\text{는 추이적}) \\ &\rightarrow (x, z) \in \mathscr{R} & \left(\mathscr{R} = \bigcup_{i \in I} \mathscr{R}_i\right) \end{aligned}$$

이므로, $\mathscr{R}$은 추이적이다.

따라서 $\mathscr{R}$은 순서관계이다.

이제 $\mathscr{R}$이 A에서 정렬관계 즉, $(A,\mathscr{R}) \in \mathscr{A}$인 것을 보이자. 집합 A의 공집합이 아닌 임의의 부분집합을 B로 놓자. 그러면 $A = \bigcup_{i \in I} A_i$이므로 $B \cap A_i \neq \emptyset$인 $i \in I$가 존재한다. $B \cap A_i \subseteq A_i$이고 $(A_i, \mathscr{R}_i)$가 정렬집합이므로 $(A_i, \mathscr{R}_i)$에서 $B \cap A_i$의 최소원소 x_0이 존재한다. $(A,\mathscr{R})$에서 점 x_0가 B의 최소원소인 것을 다음과 같이 보일 수 있다. 집합 B의 임의의 원소를 x로 놓자. 만약 $x \in A_i$이면 $(x_0, x) \in \mathscr{R}_i \subseteq \mathscr{R}$이다. 이제 $x \notin A_i$라고 가정하자. 그러면 $A_j \not\subseteq A_i$이면서 $x \in A_j$인 $j \in I$가 존재한다. $\mathscr{C}$가 사슬들의 집합이고 $(A_j, \mathscr{R}_j) \not\preceq (A_i, \mathscr{R}_i)$이므로 $(A_i, \mathscr{R}_i) \preceq (A_j, \mathscr{R}_j)$이다. $x_0 \in A_i$ 그리고 $x \in A_j - A_i$이므로 $(x_0, x) \in A_j \subseteq A$이다. 따라서 원소 x_0은 $(A,\mathscr{R})$에서 B의 최소원소이다.

이제 $(A,\mathscr{R})$이 $\mathscr{C}$의 상계인 것을 보이자. 집합 $\mathscr{C}$의 임의의 원소 $(A_i, \mathscr{R}_i)$를 고정하자. 그러면

(가) $A_i \subseteq \bigcup_{k \in I} A_k = A$,

(나) $\mathscr{R}_i \subseteq \bigcup_{k \in I} \mathscr{R}_k = \mathscr{R}$

이다.

(다) 원소 $x, y \in X$에 대하여, $x \in A_i$ 그리고 $y \in A - A_i$라고 가정하자. 그러면 $A_j \not\subseteq A_i$이면서 $y \in A_j$인 $j \in I$가 존재한다. $\mathscr{C}$가 사슬들의 집합이고 $(A_j, \mathscr{R}_j) \not\preceq (A_i, \mathscr{R}_i)$이므로 $(A_i, \mathscr{R}_i) \preceq (A_j, \mathscr{R}_j)$이다. $x \in A_i$ 그리고 $y \in A_j - A_i$이므로 $(x, y) \in A_j \subseteq A$이다.

따라서 $(A_i, \mathscr{R}_i) \preceq (A, \mathscr{R})$이다. □

이제 조른의 보조정리가 성립하면 다음 정리가 성립한다는 것을 보이자.

정리 3.32: (체르멜로) 정렬정리

모든 집합은 정렬가능하다.

증명. 임의의 집합을 A로 놓자. 집합 A가 공집합이면 당연하므로 집합 A가 공집합이 아니라고 가정하자. 집합 A에 대한 부분순서집합 $(\mathscr{A}, \preceq)$에 대하여, 정리 3.31에 따라 모든 사슬의 상계가 $\mathscr{A}$에 존재하므로 부분순서집합 $(\mathscr{A}, \preceq)$에 대한 조른의 보조정리를 적용하면 $(\mathscr{A}, \preceq)$의 극대원소 $(M, \mathscr{G})$가 존재한다. $M = A$인 것을 귀류적으로 보이기 위하여 $x_0 \in A - M$이 존재한다고 가정하자. 그러면 $\mathscr{G}' = \mathscr{G} \cup$

$\{(x, x_0) \mid x \in M\}$은 집합 $M' = M \cup \{x_0\}$에서 정렬관계이다. 이는 $(M, \mathscr{G})$가 극대원소임에 모순이다. 따라서 $M = A$이다. □

위의 정리는 모든 집합에 대한 정렬관계가 존재한다는 사실을 말할 뿐 이런 정렬관계를 찾는 방법을 제시하지는 않는다. 모든 실수의 집합 $\mathbb{R}$에서 정렬관계를 찾는 알려진 방법은 없다.

정렬정리가 성립하면 선택공리가 성립한다는 것을 다음과 같이 알 수 있다. 정렬정리가 성립한다고 가정하자. 공집합이 아닌 집합을 원소로 하는 집합족을 $\mathscr{F}$로 놓고 $U = \bigcup_{X \in \mathscr{F}} X$로 놓자. 정렬정리에 따라 U에 대한 정렬관계가 존재한다. 함수 $\varphi\colon \mathscr{F} \to U$를

$$\varphi(X) = X\text{의 최소원소}$$

로 정의하면 $\varphi(X) \in X$이므로 $\varphi\colon \mathscr{F} \to U$는 선택함수이다.

연습문제 3.4

1. 집합 X에서 Y로 함수 $f\colon X \to Y$에 대하여, $f\colon X \to Y$가 위로의 함수이면 $A \approx Y$인 부분집합 $A \subseteq X$가 존재한다는 것을 증명하라.

2. 집합 X에서 Z로 함수 $f\colon X \to Z$와 집합 Y에서 Z로 함수 $g\colon Y \to Z$에 대하여, $\operatorname{im} f \subseteq \operatorname{im} g$이면 $g \circ h = f$인 함수 $h\colon X \to Y$가 존재한다는 것을 증명하라.

3. 공집합이 아닌 집합 X, Y에 대한 관계 $\mathscr{R} \subseteq X \times Y$에 대하여, $\operatorname{dom} \mathscr{R} = X$이면 $f \subseteq \mathscr{R}$인 함수 $f\colon X \to Y$가 존재한다는 것을 증명하라.

4. 집합 $X = \{1, 2, 3, 4\}$에 대한 부분순서집합 $(\mathcal{P}(X), \subseteq)$에 대하여, 집합 $A = \{\{1, 2\}, \{2, 3\}\}$의 최소상계와 최대하계를 구하라.

5. 부분순서집합 $(X, \leq)$에 대하여, A가 사슬이면 $A \subseteq M$이고 극대인 사슬 M이 존재한다는 것을 증명하라.

6. 공집합이 아닌 집합 X에 대하여, $\forall x \in X,\ f(x) \neq x$인 일대일 대응 $f\colon X \to X$가 존재한다는 것을 증명하라.

7. 모든 벡터공간 V에 대하여, V의 기저가 존재한다는 것을 증명하라.

8. 부분순서집합 $(X, \leq)$에 대하여, 모든 전순서부분집합의 상계가 존재하면 $x_0 \in X$에 대하여 $x_0 \leq m$인 극대원소 $m \in X$이 존재한다는 것을 증명하라.

9. 모든 유리수의 집합 $\mathbb{Q}$는 정렬가능한다는 것을 증명하라.

10. 정렬집합 $(X, \leq)$에 대하여, $A \subseteq X$이면 $(A, \leq)$는 정렬집합인 것을 증명하라.

제 4 장

무한집합

유한집합의 원소의 개수를 자연수로 나타낼 수 있으며 이때 자연수를 주어진 집합의 크기라고 한다. 원소의 개수라는 집합의 크기를 무한집합에 적용하기 쉽지 않다. 그런데 유한집합에서 두 집합 사이에 일대일 대응이 존재한다는 것을 두 집합의 크기가 같음으로 이해할 수 있으며 일대일 대응은 모든 집합에 적용할 수 있다.

이 장에서는 집합 사이에 일대일 대응이 존재한다는 것을 두 집합의 관계로 나타내고 이를 이용하여 무한집합의 성질을 탐구한다.

4.1 집합의 대등

수학의 가장 기초적인 개념은 물건의 개수를 세는 것이다. 이 개념을 집합에서 다음과 같이 나타낼 수 있다. 집합 $A = \{0, 1, 2, 3\}$의 원소의 개수는 4인데 이를

$$|A| = 4$$

와 같이 나타낼 수 있다. 원소의 개수가 유한할 때는 위와 같이 집합 원소의 개수를 자연수를 이용하여 나타낼 수 있지만 원소의 개수가 유한하지 않은 경우에는 위의 방법을 적용하기 어렵다.

일반적인 집합에 원소의 개수 개념을 적용하기 위하여 다음을 정의한다.

정의 4.1: 집합의 대등

집합 A와 B에 대하여, 일대일 대응 $f\colon A \to B$가 존재하면 A는 B와 **대등하다**라고 하고 $A \approx B$로 나타낸다.

보기 4.1 집합 $A = \{1, 2, 3\}$와 $B = \{7, 8, 9\}$에 대하여,

$$|A| = 3 = |B|$$

이다. 함수 $f\colon A \to B$가

$$f(1) = 7, \quad f(2) = 8, \quad f(3) = 9$$

일 때 f는 일대일 대응이므로 $A \approx B$이다.

집합 사이의 대등관계 $\approx$은 동치관계인 것을 쉽게 보일 수 있다.

정리 4.1: 대등의 동치관계성

집합들을 원소로 하는 집합족 $\mathscr{F}$에 대하여, 대등관계 $\approx$는 동치관계이다.

증명. 집합 $X \in \mathscr{F}$에 대하여, $\mathcal{I}_X(x) = x$로 정의되는 항등함수 $\mathcal{I}_X\colon X \to X$는 일대일 대응이므로 $X \approx X$이다. 따라서 대등관계 $\approx$는 반사적이다.

집합 $X, Y \in \mathscr{F}$에 대하여, $X \approx Y$라고 가정하자. 그러면 대등관계의 정의에 따라서 일대일 대응 $f\colon X \to Y$가 존재한다. 따름정리 2.17에 따라서 역함수

$f^{-1}: Y \to X$도 일대일 대응이므로 $Y \approx X$이다. 따라서 대등관계 $\approx$는 대칭적이다.

집합 $X, Y, Z \in \mathscr{F}$에 대하여, $X \approx Y$ 그리고 $Y \approx Z$라고 가정하자. 그러면 대등관계의 정의에 따라서 일대일 대응 $f: X \to Y$와 $g: Y \to Z$가 존재한다. 정리 2.21에 따라서 합성함수 $g \circ f: X \to Z$도 일대일 대응이므로 $X \approx Z$이다. 따라서 대등관계 $\approx$는 추이적이다.

위에서와 같이 대등관계 $\approx$가 반사적, 대칭적, 추이적이므로 대등관계 $\approx$는 동치관계이다. □

예제 4.1 $a < b$인 실수 a, b에 대하여, $(0,1) \approx (a,b)$인 것을 보이라.

풀이. 함수 $f: (0,1) \to (a,b)$를

$$f(x) = a + x(b-a) = a(1-x) + bx$$

로 정의하자. 만약 $f(x_1) = f(x_2)$이면

$$a + x_1(b-a) = a + x_2(b-a)$$

이므로 $x_1 = x_2$이다. 따라서 f는 일대일 함수이다. 임의의 실수 $c \in (a,b)$에 대하여, $a < c < b$이므로 $0 < c-a < b-a$이고

$$0 < \frac{c-a}{b-a} < 1$$

이다. 그리고

$$c = a + \frac{c-a}{b-a}(b-a) = f\left(\frac{c-a}{b-a}\right)$$

이므로 $f: (0,1) \to (a,b)$는 위로의 함수이다. 함수 $f: (0,1) \to (a,b)$는 일대일 함수이면서 위로의 함수이므로 함수 $f: (0,1) \to (a,b)$는 일대일 대응이다. □

예제 4.2 모든 실수의 집합 $\mathbb{R}$에 대하여, $(0,1) \approx \mathbb{R}$인 것을 보이라.

풀이. 탄젠트 함수 $g(x): (-\pi/2, \pi/2) \to \mathbb{R}$는 일대일 대응이다. $0 < x < 1$일 때 $-1/2 < x - 1/2 < 1/2$이므로 $-\pi/2 < \pi x - \pi/2 < \pi/2$이다. 이때 $h(x) = \pi x - \pi/2$로 정의되는 함수 $h: (0,1) \to (-\pi/2, \pi/2)$는 일대일 대응이다. 따라서 $f = g \circ h$로 정의되는 함수 $f: (0,1) \to \mathbb{R}$는 일대일 대응이다. □

원소의 개수가 유한인 집합의 경우 이 집합은 진부분집합과 대등할 수 없다. 그러나 위의 예제에서와 같이 무한집합의 경우 이 집합은 진부분집합과 대등할 수 있음을 알 수 있다.

정리 4.2: 집합 대등의 확대

$X_1 \cap X_2 = \emptyset$ 그리고 $Y_1 \cap Y_2 = \emptyset$인 집합 X_1, X_2, Y_1, Y_2에 대하여, $X_1 \approx Y_1$ 그리고 $X_2 \approx Y_2$이면 $X_1 \cup X_2 \approx Y_1 \cup Y_2$이다.

증명. $X_1 \approx Y_1$ 그리고 $X_2 \approx Y_2$라고 가정하자. 그러면 일대일 대응 $f\colon X_1 \to Y_1$와 $g\colon X_2 \to Y_2$가 존재한다. 함수 $f\colon X_1 \to Y_1$와 $g\colon X_1 \to Y_1$에 대하여, 정리 2.15에 따라서 $f \cup g\colon X_1 \cup X_2 \to Y_1 \cup Y_2$는 함수이다. 함수 $f\colon X_1 \to Y_1$와 $g\colon X_2 \to Y_2$가 일대일 대응이므로 $f^{-1}\colon Y_1 \to X_1$와 $g^{-1}\colon Y_2 \to X_2$은 함수이며 $f^{-1} \cup g^{-1}\colon Y_1 \cup Y_2 \to X_1 \cup X_2$는 함수이다. 그런데 $f^{-1} \cup g^{-1} = (f \cup g)^{-1}$이므로 $(f \cup g)^{-1}\colon Y_2 \cup Y_1 \to X_1 \cup X_2$은 함수이다. 함수 $(f \cup g)^{-1}\colon Y_2 \cup Y_1 \to X_1 \cup X_2$는 함수 $f \cup g\colon (X_1 \cup X_2) \to (Y_1 \cup Y_2)$의 역함수이므로 정리 2.16에 따라서 $f \cup g\colon (X_1 \cup X_2) \to (Y_1 \cup Y_2)$는 일대일 대응이다. 따라서 $X_1 \cup X_2 \approx Y_1 \cup Y_2$이다. □

정리 4.3: 집합의 대등과 곱집합의 대등

집합 X_1, X_2, Y_1, Y_2에 대하여, $X_1 \approx Y_1$ 그리고 $X_2 \approx Y_2$이면 $X_1 \times X_2 \approx Y_1 \times Y_2$이다.

증명. $X_1 \approx Y_1$ 그리고 $X_2 \approx Y_2$라고 가정하자. 그러면 일대일 대응 $f_1\colon X_1 \to Y_1$와 $f_2\colon X_2 \to Y_2$가 존재한다. 함수 $g\colon X_1 \times X_2 \to Y_1 \times Y_2$를

$$g(x_1, x_2) = (f_1(x_1), f_2(x_2))$$

로 정의하자.

만약 $g(u_1, u_2) = g(v_1, v_2)$라고 가정하자. 그러면

$$(f_1(u_1), f_2(u_2)) = (f_1(v_1), f_2(v_2))$$

이므로 $f_1(u_1) = f_1(v_1)$ 그리고 $f_2(u_2) = f_2(v_2)$이다. 이때 함수 $f_1\colon X_1 \to Y_1$과 $f_2\colon X_2 \to Y_2$가 일대일 함수이므로 $u_1 = v_1$이고 $u_2 = v_2$ 즉, $(u_1, u_2) = (v_1, v_2)$

이다. 따라서 $g\colon X_1 \times X_2 \to Y_1 \times Y_2$는 일대일 함수이다.

임의의 원소 $(y_1, y_2) \in Y_1 \times Y_2$에 대하여, $f_1\colon X_1 \to Y_1$과 $f_2\colon X_2 \to Y_2$가 위로의 함수이므로 $y_1 = f_1(x_1)$ 그리고 $y_2 = f_2(x_2)$인 원소 $x_1 \in X_1$과 $x_2 \in X_2$가 존재한다. 따라서 $(y_1, y_2) = (f_1(x_1), f_2(x_2)) = g(x_1, x_2)$이므로 $g\colon X_1 \times X_2 \to Y_1 \times Y_2$는 위로의 함수이다.

함수 $g\colon X_1 \times X_2 \to Y_1 \times Y_2$가 일대일 함수이면서 위로의 함수이므로 이는 일대일 대응이다. □

집합 X와 Y에 대하여, $|X| = n$이고 $|Y| = m$이면 X에서 Y로 모든 함수의 개수는 m^n이다. 집합 X와 Y에 대하여, X에서 Y로 모든 함수의 집합을 Y^X로 나타낸다.

정리 4.4: 정의역과 공역의 대등성과 함수집합의 대등성

집합 X, Y, A, B에 대하여, $X \approx A$ 그리고 $Y \approx B$이면 $Y^X \approx B^A$이다.

증명. $X \approx A$ 그리고 $Y \approx B$라고 가정하자. 그러면 일대일 대응 $f\colon X \to A$와 $g\colon Y \to B$가 존재한다. 원소 $\alpha \in Y^X$에 대하여, $\Phi(\alpha) = g \circ \alpha \circ f^{-1}$로 놓으면 $\Phi(\alpha) \in B^A$는 함수이다. 만약 $\Phi(\alpha_1) = \Phi(\alpha_2)$이면

$$\begin{aligned}\alpha_1 = g^{-1} \circ g \circ \alpha_1 \circ f^{-1} \circ f = g^{-1} \circ \Phi(\alpha_1) \circ f &= g^{-1} \circ \Phi(\alpha_2) \circ f \\ &= g^{-1} \circ g \circ \alpha_2 \circ f^{-1} \circ f = \alpha_2\end{aligned}$$

이다. 따라서 $\Phi\colon Y^X \to B^A$는 일대일 함수이다. 원소 $\beta \in B^A$에 대하여,

$$\beta = g \circ g^{-1} \circ \beta \circ f \circ f^{-1} = \Phi(g^{-1} \circ \beta \circ f)$$

이므로 $\Phi\colon Y^X \to B^A$는 위로의 함수이다. 따라서 $\Phi\colon Y^X \to B^A$가 일대일 함수이면서 위로의 함수이므로 이는 일대일 대응이다. □

자연수 $2 = \{0, 1\}$는 원소의 개수가 2인 집합이다. 집합 X와 부분집합 $A \subseteq X$에 대하여, A에 대한 특성함수 $\chi_A\colon X \to 2$는

$$\chi_A(x) = \begin{cases} 1 & (x \in A\text{일 때}), \\ 0 & (x \in X - A\text{일 때}) \end{cases}$$

로 정의된다.

정리 4.5: 멱집합의 대등

집합 X에 대하여, $\mathscr{P}(X) \approx 2^X$이다.

증명. 함수 $\phi\colon \mathscr{P}(X) \to 2^X$를 $\phi(A) = \chi_A$로 정의하자.

(가) 원소 $A, B \in \mathscr{P}(X)$에 대하여, $\phi(A) = \phi(B)$ 즉, $\chi_A = \chi_B$라고 가정하면

$$A = \{x \in X \mid \chi_A(x) = 1\} = \{x \in X \mid \chi_B(x) = 1\} = B$$

이다. 따라서 ϕ는 일대일 함수이다.

(나) 원소 $f \in 2^X$에 대하여, $A = f^{-1}(\{1\})$로 놓으면 $f = \chi_A = \phi(A)$이다. 따라서 ϕ는 위로의 함수이다,

(가)와 (나)에 따라서 ϕ는 일대일 함수이면서 위로의 함수이므로 ϕ는 일대일 대응이다. □

정리 4.4와 정리 4.5에 따라서 다음을 알 수 있다.

따름정리 4.6: 멱집합의 대등

집합 X, Y에 대하여, $X \approx Y$이면 $\mathscr{P}(X) \approx \mathscr{P}(Y)$이다.

연습문제 4.1

1. 모든 자연수의 집합 $\mathbb{N} = \{0, 1, 2, 3, 4, \ldots\}$은 모든 홀수인 자연수의 집합 O와 대등하다는 것을 증명하라.

2. 집합 X와 Y에 대하여, $X - Y \approx Y - X$이면 $X \approx Y$인 것을 증명하라.

3. 집합 X, Y와 부분집합 $A \subseteq X$, $B \subseteq Y$에 대하여, $X \approx Y$ 그리고 $A \approx B$이면 $X - A \approx Y - B$인 것을 증명하라.

4. 원소가 서로 소인 첨수집합족 $\{X_i\}_{i \in I}$와 $\{Y_i\}_{i \in I}$에 대하여, $\forall i \in I$, $X_i \approx Y_i$이면

$$\bigcup_{i \in I} X_i \approx \bigcup_{i \in I} Y_i$$

인 것을 증명하라.

5. 첨수집합족 $\{X_i\}_{i \in I}$와 $\{Y_i\}_{i \in I}$에 대하여, $\forall i \in I$, $X_i \approx Y_i$이면

$$\prod_{i \in I} X_i = \prod_{i \in I} Y_i$$

인 것을 증명하라.

4.2 번호 붙일 수 있는 집합

집합을 다음과 같이 분류한다.

정의 4.2: 유한집합과 무한집합

집합 A에 대하여, $A \approx m$인 자연수 m이 존재하면 집합 A는 **유한집합**이라고 한다. 유한 집합이 아닌 집합은 **무한집합**이라고 한다.

예제 4.3 공집합 $\emptyset$는 유한집합이다.

풀이. 함수 $f\colon \emptyset \to 0$이 일대일 대응인 것을 보이자. 공집합에 대한 전칭명제는 항상 참이다. 따라서

$$\forall x_1 \in \emptyset, \forall x_2 \in \emptyset, f(x_1) = f(x_2) \to x_1 = x_2$$

이므로 $f\colon \emptyset \to 0$는 일대일 함수이다. 또한 $\forall y \in 0, \exists x \in \emptyset, y = f(x)$이므로 $f\colon \emptyset \to \emptyset$는 위로의 함수이다. □

무한집합 중에서 유한집합과 가장 비슷한 집합으로 다음을 정의한다.

정의 4.3: 번호 붙일 수 있는 집합

집합 A에 대하여, $A \approx \mathbb{N}$이면 A는 **번호 붙일 수 있는 집합**이라고 한다.[a]

[a]번호 붙일 수 있는 집합을 **가부번집합**이라고도 한다.

예제 4.4 모든 자연수의 집합 $\mathbb{N}$에서 짝수 전체의 집합 A로의 일대일 대응이 존재한다는 것을 보이라.

풀이. 식 $f(n) = 2n$로 정의된 함수 $f\colon \mathbb{N} \to A$가 일대일 대응인 것을 보이면 된다. 만약 $f(n) = f(m)$이면 $2n = 2m$이므로 $n = m$이다. 따라서 $f\colon \mathbb{N} \to A$는 일대일 함수이다. 임의의 짝수 m에 대하여, $m = 2k$인 자연수 k가 존재하므로 $m = f(k)$이다. 따라서 $f\colon \mathbb{N} \to A$는 위로의 함수이다. 함수 $f\colon \mathbb{N} \to A$가 일대일 함수이면서 위로의 함수이므로 $f\colon \mathbb{N} \to A$는 일대일 대응이다. □

예제 4.5 모든 유리수의 집합 $\mathbb{Q}$가 번호 붙일 수 있는 집합인 것을 보이라.

풀이. 모든 유리수를 나열하는 방법을 제시하여 집합 $\mathbb{Q}$가 번호 붙일 수 있는 집합인 것을 보이자.

먼저 양의 유리수를 나열하자. 양의 자연수 n과 m에 대하여, $a = n+m$로 놓을 때 유리수 $\frac{m}{n}$을 $A_{(a,m)}$로 나타내자. 유리수 $A_{(a,m)}$의 첨수 (a,m)에 사전식 순서를 적용하여 양의 유리수를 나열하면

$$\frac{1}{1}, \frac{1}{2}, \frac{2}{1}, \frac{1}{3}, \frac{2}{2}, \frac{3}{1}, \frac{1}{4}, \frac{2}{3}, \frac{3}{2}, \frac{4}{1}, \cdots$$

이다. 위의 나열에서 앞에 나온 수가 다시 나오면 이를 제거하여 다시 나열하면

$$\frac{1}{1}, \frac{1}{2}, \frac{2}{1}, \frac{1}{3}, \frac{3}{1}, \frac{1}{4}, \frac{2}{3}, \frac{3}{2}, \frac{4}{1}, \cdots$$

인데 이를 $a_1, a_2, a_3 \ldots$로 나타내자. 위의 방법으로 모든 음의 유리수를 $b_1, b_2, b_3, \ldots$와 같이 나열할 수 있다. 그러면 모든 유리수를

$$0, a_1, b_1, a_2, b_2, a_3, b_3, \ldots$$

와 같이 나열할 수 있다. □

번호 붙일 수 있는 집합이 아닌 무한집합을 다음에서 볼 수 있다.

정리 4.7: 칸토어의 대각법

집합 $A = \{x \in \mathbb{R} \mid 0 < x < 1\}$는 번호 붙일 수 있는 집합이 아니다.

증명. 귀류법을 적용하기 위하여 집합 A가 번호 붙일 수 있는 집합이라고 가정하자. 그러면 A의 모든 원소들을 $r_0, r_1, r_2, r_3, r_4, \ldots$와 같이 나열할 수 있다. 이때 모든 원소를 무한소수로 나타내면

$$\begin{aligned} r_0 &= 0.a_{01}a_{02}a_{03}a_{04}\cdots \\ r_1 &= 0.a_{11}a_{12}a_{13}a_{14}\cdots \\ r_2 &= 0.a_{21}a_{22}a_{23}a_{24}\cdots \\ &\vdots \end{aligned}$$

와 같이 나타낼 수 있다. 실수 $s = 0.b_1b_2b_3b_4\cdots$를

$$b_i = \begin{cases} 1 & (a_{ii} \neq 1\text{일 때}), \\ 2 & (a_{ii} = 1\text{일 때}) \end{cases}$$

로 정의할 때 실수 s는 위의 나열에 나오는 모든 원소와 다르다. 이는 모순이므로 귀류법에 따라서 집합 A는 번호 붙일 수 있는 집합이 아니다. □

따름정리 4.8: 모든 실수 집합의 성질

모든 실수의 집합 $\mathbb{R}$은 번호 붙일 수 있는 집합이 아니다.

증명. 집합 $A = \{x \in \mathbb{R} \,|\, 0 < x < 1\}$는 번호 붙일 수 있는 집합이 아니고 $A \approx \mathbb{R}$이므로 $\mathbb{R}$은 번호 붙일 수 있는 집합이 아니다. □

번호 붙일 수 있는 집합에서 유한개의 원소를 제거해도 번호 붙일 수 있는 성질은 유지된다.

보조정리 4.9: 번호 붙일 수 있는 집합의 성질

공집합이 아닌 집합 X와 원소 $x_0 \in X$에 대하여, X가 번호 붙일 수 있는 집합이면 집합 $X - \{x_0\}$도 번호 붙일 수 있는 집합이다.

증명. 집합 X가 번호 붙일 수 있는 집합이라고 가정하자. 집합 X가 번호 붙일 수 있는 집합이므로 일대일 대응 $f\colon \mathbb{N} \to X$가 존재한다. 함수 $f\colon \mathbb{N} \to X$가 위로의 함수이므로 $f(n_0) = x_0$인 자연수 n_0이 존재한다. 함수 $g\colon \mathbb{N} \to X$를

$$g(n) = \begin{cases} f(n) & (n < n_0\text{일 때}), \\ f(n+1) & (n_0 \leq n\text{일 때}) \end{cases}$$

로 정의하자. 함수 $g\colon \mathbb{N} \to X$가 일대일 함수인 것을 보이기 위하여, 자연수 n_1, n_2에 대하여 $g(n_1) = g(n_2)$라고 가정하자.

(가) 만약 $g(n_1) \in \{f(0), f(1), \ldots, f(n_0-1)\}$이면 $g(n_2) \in \{f(0), f(1), \ldots, f(n_0-1)\}$이고 $f(n_1) = g(n_1) = g(n_2) = f(n_2)$이다. 함수 $f\colon \mathbb{N} \to X$가 일대일 함수이므로 $n_1 = n_2$이다.

(나) 만약 $g(n_1) \notin \{f(0), f(1), \ldots, f(n_0-1)\}$이면 $g(n_2) \notin \{f(0), f(1), \ldots, f(n_0-1)\}$이고 $f(n_1+1) = g(n_1) = g(n_2) = f(n_2+1)$이다. 함수 $f: \mathbb{N} \to X$가 일대일 함수이므로 $n_1 + 1 = n_2 + 1$ 즉, $n_1 = n_2$이다.

함수 $g: \mathbb{N} \to X$가 일대일 함수이고 $g(\mathbb{N}) = X - \{x_0\}$이므로 함수 $g: \mathbb{N} \to X - \{x_0\}$는 일대일 대응이다. □

번호 붙일 수 있는 집합을 이용하여 무한집합의 특성을 살펴 볼 수 있다. 먼저 자연수의 다음 성질을 알아보자.

보조정리 4.10: 자연수와 번호 붙일 수 있는 집합의 존재성

자연수 n에 대하여, n의 번호 붙일 수 있는 부분집합은 존재하지 않는다.

증명. 자연수 n에 대한 수학적 귀납법을 적용하자.

(가) $n = 0$일 때, $\mathbb{N}$에서 0로 함수가 존재하지 않으므로 0의 번호 붙일 수 있는 부분집합은 존재하지 않는다.

(나) 대우법으로 증명하기 위하여 n^+의 번호 붙일 수 있는 부분집합 A가 존재한다고 가정하자. 그러면 n의 번호 붙일 수 있는 부분집합이 존재한다는 것을 다음과 같이 보이자. 만약 $n \notin A$이면 $n^+ = n \cup \{n\}$이므로 $A \subseteq n$이다. 만약 $n \in A$이면 $n^+ = n \cup \{n\}$이므로 $A - \{n\} \subseteq n$이다. 집합 $A - \{n\}$이 번호 붙일 수 있는 집합이고 $A - \{n\} \subseteq n$이므로 n의 번호 붙일 수 있는 부분집합이 존재한다.

(가)와 (나)에 대한 수학적 귀납법으로 증명이 끝난다. □

번호 붙일 수 있는 집합과 관련된 무한집합의 특성은 다음과 같다.

정리 4.11: 무한집합과 번호 붙일 수 있는 부분집합의 존재성

집합 X에 대하여, X의 번호 붙일 수 있는 부분집합 A가 존재함은 X가 무한집합이기 위한 필요충분조건이다.

증명. 집합 X의 번호 붙일 수 있는 부분집합 A가 존재하면 X는 무한집합인 것을 귀류법으로 보이기 위하여, 집합 X의 번호 붙일 수 있는 부분집합 A가 존재하지만 X가 유한집합이라고 가정하자. 그러면 일대일 대응 $f: \mathbb{N} \to A$와 자연수 n

과 일대일 대응 $g\colon X \to n$가 존재하므로, 포함함수 $\varphi\colon A \to X$에 대하여 합성함수 $g \circ \varphi \circ f\colon \mathbb{N} \to n$는 일대일 함수이다. 이때 집합 $(g \circ \varphi \circ f)(\mathbb{N})$는 자연수 n의 번호 붙일 수 있는 부분집합이다. 이는 정리 4.10에 따라서 모순이다.

역으로 집합 X가 무한집합이라고 가정하자. 함수 $\psi\colon \mathbb{N} \to X$를 귀납적으로

(가) $\psi(0) \in X$이고,

(나) $\psi(n^+) \in X - \{\psi(0), \psi(1), \ldots, \psi(n)\}$

가 성립하도록 선택한다. 그러면 $\psi(\mathbb{N})$는 X의 번호 붙일 수 있는 부분집합이다. □

따름정리 4.12: 부분집합이 무한집합인 집합의 무한성

집합 X와 부분집합 A에 대하여, A가 무한집합이면 X도 무한집합이다.

증명. 부분집합 A가 무한집합이라고 가정하자. 집합 A가 무한집합이므로 A의 번호 붙일 수 있는 부분집합 B가 존재한다. $B \subseteq A$이고 $A \subseteq X$이므로 $B \subseteq X$이다. $B \subseteq X$이고 B는 번호 붙일 수 있는 부분집합이므로 X는 무한집합이다. □

따름정리 4.13: 유한집합의 부분집합의 유한성

집합 X와 부분집합 A에 대하여, X가 유한집합이면 A도 유한집합이다.

증명. $A \subseteq X$라고 가정하자. A가 무한집합이면 X가 무한집합이므로 대우법에 따라서 증명된다. □

따름정리 4.14: 무한집합과 대등

집합 X와 Y에 대하여, X가 무한집합이고 $X \approx Y$이면 Y도 무한집합이다.

증명. 집합 X가 무한집합이고 $X \approx Y$라고 가정하자. 집합 X가 무한집합이므로 X의 번호 붙일 수 있는 부분집합 A가 존재하고, $X \approx Y$이므로 일대일 대응 $f\colon X \to Y$가 존재한다. 그러면 $f(A)$는 Y의 번호 붙일 수 있는 부분집합이므로 Y는 무한집합이다. □

위의 따름정리에 따라서 집합 X가 유한집합이고 $X \approx Y$이면 Y도 유한집합인 것을 알 수 있다.

따름정리 4.15: 유한집합과 대등

집합 X와 Y에 대하여, X가 유한집합이고 $X \approx Y$이면 Y도 유한집합이다.

보조정리 4.16: 번호 붙일 수 있는 부분집합의 존재성

공집합이 아닌 집합 X와 원소 $x_0 \in X$와 함수 $f\colon X \to X$에 대하여, $x_0 \notin \operatorname{im} f$이고 f가 일대일 함수이면 귀납적으로

$$\psi(0) = x_0, \qquad \psi(n^+) = f(\psi(n))$$

와 같이 정의된 함수 $\psi\colon \mathbb{N} \to X$는 일대일 함수이다.

증명. $\forall m \in \mathbb{N}, \forall n \in \mathbb{N}, \psi(n) = \psi(m) \to n = m$인 것을 보이기 위하여, 자연수 m에 대한 수학적 귀납법을 적용하자.

(가) $\forall n \in \mathbb{N}, \psi(n) = \psi(0) \to n = 0$인 것을 보이자. 자연수 n에 대하여, $\psi(n) = \psi(0)$이지만 $n \neq 0$라고 가정하자. 그러면 $n = k^+$인 자연수 $k \in \mathbb{N}$이 존재하고

$$x_0 = \psi(0) = \psi(n) = \psi(k^+) = f(\psi(k)) \in \operatorname{im} f$$

인데 이는 가정 $x_0 \notin \operatorname{im} f$에 모순이다.

(나) 자연수 m에 대하여 $\forall n \in \mathbb{N}, \psi(n) = \psi(m) \to n = m$라고 가정하자. 이제 $\forall n \in \mathbb{N}, \psi(n) = \psi(m^+) \to n = m^+$인 것을 보이자. 자연수 n에 대하여, $\psi(m^+) = \psi(n)$라고 가정하자. $n = 0$이면 $\psi(0) = \psi(m^+)$인데 (가)에서 모순인 것을 보였다. 따라서 $n \neq 0$이므로 $n = k^+$인 자연수 $k \in \mathbb{N}$이 존재한다. 따라서 $\psi(m^+) = \psi(k^+)$이므로 $f(\psi(m)) = f(\psi(k))$이다. 함수 f가 일대일 함수이므로 $\psi(m) = \psi(k)$이고 가정에 따라서 $m = k$이다. 따라서 $m^+ = k^+ = n$이다.

수학적 귀납법에 따라서 증명이 끝난다. □

만약 유한집합의 크기가 5이면 이 집합의 진부분집합의 크기는 5보다 작다. 일반적으로 유한집합에 대하여, 주어진 유한집합과 대등한 진부분집합은 존재할 수 없다. 이 성질이 유한집합을 규정하는 성질인 것을 다음에서 확인할 수 있다.

정리 4.17: 대등한 진부분집합의 존재성과 무한집합

집합 X에 대하여, X와 대등한 진부분집합이 존재함은 X가 무한집합이기 위한 필요충분조건이다.

증명. 집합 X와 대등한 진부분집합 A가 존재한다고 가정하자. 그러면 일대일 대응 $f\colon X \to A$가 존재한다. 집합 A가 X의 진부분집합이므로 $x_0 \in X - A$가 존재한다. 귀납적으로

$$\psi(0) = x_0, \qquad \psi(n^+) = f(\psi(n))$$

와 같이 정의된 함수 $\psi\colon \mathbb{N} \to X$는 위의 보조정리에 따라서 일대일 함수이다. 따라서 $\operatorname{im}\psi$는 X의 번호 붙일 수 있는 부분집합이므로 X는 무한집합이다.

집합 X가 무한집합이라고 가정하자. 그러면 X의 번호 붙일 수 있는 부분집합 $A = \{x_0, x_1, x_2, \ldots\}$이 존재한다. 함수 $f\colon X \to X$를

$$f(x) = \begin{cases} x & (x \in X - A\text{일 때}), \\ x_{n+1} & (x = x_n \in A\text{일 때}) \end{cases}$$

로 정의하자. 그러면 $f\colon X \to X - \{x_0\}$는 일대일 대응이다. □

연습문제 4.2

1. 집합 X에 대하여, $X \approx 0$이면 $X = \emptyset$인 것을 증명하라.

2. 집합 X, Y에 대하여, X와 Y가 유한집합이면 $X \cup Y$도 유한집합인 것을 증명하라.

3. 집합 X, Y에 대하여, X와 Y가 유한집합이면 곱집합 $X \times Y$도 유한집합인 것을 증명하라.

4. 집합 X와 진부분집합 $A \subset X$에 대하여, X가 유한집합이면 $X \not\approx A$인 것을 증명하라.

5. 집합 X와 Y에 대하여, X가 유한집합이고 $X \approx Y$이면 Y도 유한집합인 것을 증명하라.

6. 모든 정수의 집합 $\mathbb{Z}$는 번호 붙일 수 있는 집합인 것을 증명하라.

7. 공집합이 아닌 집합 X와 원소 $x_0 \in X$에 대하여, X가 무한집합이면 $X - \{x_0\}$도 무한집합인 것을 증명하라.

4.3 셀 수 있는 집합

유한집합과 번호 붙일 수 있는 집합을 다음과 같이 정의한다.

정의 4.4: 셀 수 있는 집합

집합 X에 대하여, X가 유한집합이거나 번호 붙일 수 있는 집합이면 X는 **셀 수 있는 집합**이라고 한다.[a]

[a]셀 수 있는 집합을 **가산집합**이라고도 한다.

번호 붙일 수 있는 집합의 부분집합은 유한집합이거나 번호 붙일 수 있는 집합인 것을 다음에서 확인할 수 있다.

정리 4.18: 번호 붙일 수 있는 집합의 부분집합

집합 X와 부분집합 A에 대하여, X가 번호 붙일 수 있는 집합이면 A는 셀 수 있는 집합이다.

증명. 임의의 번호 붙일 수 있는 집합을 $X = \{x_0, x_1, x_2, \ldots\}$로 놓자. 집합 A가 유한집합이면 A는 셀 수 있는 집합이다. 집합 A가 무한집합이라고 가정하자. 귀납적 방법으로 A가 번호 붙일 수 있는 집합인 것을 보이자.

(가) 집합 A의 원소 중에서 가장 작은 첨수를 m_0으로 놓자.

(나) 집합 $A - \{x_{m_0}, x_{m_1}, \ldots, x_{m_n}\}$의 원소 중에서 가장 작은 첨수를 m_{n+1}로 놓자.

그러면 $A = \{x_{m_0}, x_{m_1}, x_{m_2}, \ldots\}$이므로 A는 번호 붙일 수 있는 집합이다. 따라서 A는 셀 수 있는 집합이다. □

유한집합의 부분집합은 유한집합이므로 위의 정리에 따라서 다음을 알 수 있다.

따름정리 4.19: 셀 수 있는 집합의 부분집합

집합 X와 부분집합 A에 대하여, X가 셀 수 있는 집합이면 A도 셀 수 있는 집합이다.

모든 자연수의 집합 $\mathbb{N}$은 번호 붙일 수 있는 집합이다. 곱집합 $\mathbb{N}\times\mathbb{N}$도 번호 붙일 수 있는 집합인 것을 다음에서 알 수 있다.

정리 4.20: 모든 자연수 집합의 곱집합

집합 $\mathbb{N}\times\mathbb{N}$는 번호 붙일 수 있는 집합이다.

증명. 함수 $f\colon \mathbb{N}\times\mathbb{N}\to\mathbb{N}$을 $f(n,m)=2^n3^m$로 정의하자. 원소 $(n_1,m_1),(n_2,m_2)\in\mathbb{N}\times\mathbb{N}$에 대하여 $2^{n_1}3^{m_1}=2^{n_2}3^{m_2}$이면 $(n_1,m_1)=(n_2,m_2)$이므로 $f\colon \mathbb{N}\times\mathbb{N}\to\mathbb{N}$는 일대일 함수이며 $\mathbb{N}\times\mathbb{N}\approx f(\mathbb{N}\times\mathbb{N})$이다. 집합 $\mathbb{N}\times\mathbb{N}$은 무한집합이고 $\mathbb{N}\times\mathbb{N}\approx f(\mathbb{N}\times\mathbb{N})$이므로 $f(\mathbb{N}\times\mathbb{N})$은 무한집합이다. 그런데 $f(\mathbb{N}\times\mathbb{N})\subseteq\mathbb{N}$이고 $\mathbb{N}$은 번호 붙일 수 있는 집합이므로 $f(\mathbb{N}\times\mathbb{N})$는 셀 수 있는 집합이다. 집합 $f(\mathbb{N}\times\mathbb{N})$은 셀 수 있는 집합이고 무한집합이므로 $f(\mathbb{N}\times\mathbb{N})$은 번호 붙일 수 있는 집합이다. $\mathbb{N}\times\mathbb{N}\approx f(\mathbb{N}\times\mathbb{N})$이므로 $\mathbb{N}\times\mathbb{N}$은 번호 붙일 수 있는 집합이다. □

따름정리 4.21: 번호 붙일 수 있는 집합의 곱집합

집합 X와 Y에 대하여, X와 Y가 번호 붙일 수 있는 집합이면 $X\times Y$도 번호 붙일 수 있는 집합이다.

증명. 집합 X와 Y에 대하여, $X\approx\mathbb{N}$ 그리고 $Y\approx\mathbb{N}$이면 정리 4.3에 따라서 $X\times Y\approx\mathbb{N}\times\mathbb{N}$이다. 그런데 $\mathbb{N}\times\mathbb{N}\approx\mathbb{N}$이므로 대등관계의 추이성에 따라서 $X\times Y\approx\mathbb{N}$이다. □

정리 4.22: 번호 붙일 수 있는 집합의 합집합

번호 붙일 수 있는 집합들을 원소로 하는 번호 붙일 수 있는 집합족 $\{X_n\}_{n\in\mathbb{N}}$에 대하여, 합집합 $\bigcup_{n\in\mathbb{N}} X_n$는 번호 붙일 수 있는 집합이다.

증명. 자연수 $n\in\mathbb{N}$에 대하여, X_n이 번호 붙일 수 있는 집합이므로 일대일 대응 $f_n\colon \mathbb{N}\to X_n$이 존재한다. 함수 $\varphi\colon \mathbb{N}\times\mathbb{N}\to\bigcup_{n\in\mathbb{N}} X_n$을

$$\varphi(n,m)=f_n(m)$$

로 정의하자. 그러면 임의의 원소 $x \in \bigcup_{n\in\mathbb{N}} X_n$에 대하여 $x \in X_n$인 자연수 $n \in \mathbb{N}$이 존재하고 $x = f_n(m) = \varphi(n, m)$인 자연수 $m \in \mathbb{N}$이 존재한다. 따라서 $\varphi\colon \mathbb{N}\times\mathbb{N} \to \bigcup_{n\in\mathbb{N}} X_n$는 위로의 함수이다. 한편 $\mathbb{N} \approx \mathbb{N}\times\mathbb{N}$이므로 일대일 대응 $g\colon \mathbb{N} \to \mathbb{N}\times\mathbb{N}$가 존재한다. 따라서 $\varphi\circ g\colon \mathbb{N} \to \bigcup_{n\in\mathbb{N}} X_n$는 위로의 함수이므로 정리 3.25에 따라서 일대일 함수 $h\colon \bigcup_{n\in\mathbb{N}} X_n \to \mathbb{N}$가 존재한다. 집합 $\bigcup_{n\in\mathbb{N}} X_n$이 무한집합이면서 $\mathbb{N}$의 부분집합과 대등하므로 집합 $\bigcup_{n\in\mathbb{N}} X_n$은 번호 붙일 수 있는 집합이다. □

따름정리 4.23: 두 번호 붙일 수 있는 집합 합집합의 번호 붙임성

집합 X와 Y에 대하여, X와 Y가 번호 붙일 수 있는 집합이면 $X \cup Y$도 번호붙일 수 있는 집합이다.

증명. 집합 X와 Y가 번호 붙일 수 있는 집합이라고 가정하자. 그러면 $X_0 = X$ 그리고 $n \in \mathbb{N} - \{0\}$에 대하여 $X_n = Y$로 놓으면

$$X \cup Y = \bigcup_{n\in\mathbb{N}} X_n$$

이고 이 집합은 위의 정리에 따라서 번호 붙일 수 있는 집합이다. □

연습문제 4.3

1. 집합 X, Y에 대하여, X와 Y가 셀 수 있눈 집합이면 $X \cup Y$도 셀 수 있는 집합인 것을 증명하라.

2. 번호 붙일 수 집합 X에 대하여, $X - A$가 번호 붙일 수 있는 집합인 번호 붙일 수 있는 부분집합 $A \subseteq X$가 존재함을 증명하라.

3. 무한집합 X에 대하여, 모든 무한 부분집합 $A \subseteq X$에 대하여 $X \approx A$임은 X가 번호 붙일 수 있는 집합이기 위한 필요충분조건인 것을 증명하라.

4. 집합 X, Y에 대하여, $X \approx Y$이고 X가 번호 붙일 수 있는 집합이 아니면 Y도 번호 붙일 수 있는 집합이 아님을 증명하라.

5. 0과 1 사이에 놓인 모든 무리수의 집합은 셀 수 있는 집합이 아님을 증명하라.

제 5 장

기수와 순서수

자연수를 이용하여 유한집합의 원소의 개수를 나타낼 수 있다. 이때 자연수의 덧셈과 곱셈이 정의된다. 일반적인 집합의 경우에는 집합의 대등을 이용하여 두 집합의 크기가 같음을 정의할 수 있다. 이때 집합의 크기를 나타내는 기수를 정의할 수 있고 기수의 덧셈과 곱셈을 정의할 수 있다. 유한집합의 기수 연산에서는 볼 수 없는 무한집합의 기수 연산에 나타나는 여러 성질도 탐구한다.

자연수를 나열하면 나열된 자연수의 위치를 자연수로 나타낼 수 있다. 이를 일반화하여 정렬집합과 순서동형을 이용하여 정렬집합의 위치를 순서수로 정의하고 순서수의 연산을 정의힌다.

5.1 기수와 연산

이 절에서 집합의 모든 원소의 개수를 나타내는 방법을 알아본다.

수학의 가장 초보적인 출발은 물건의 개수를 세는 것이다. 유한집합의 원소 개수를 다음과 같이 나타낸다.

정의 5.1: 유한집합의 크기

유한집합 X에 대하여, X의 원소 개수를 A의 **크기**라고 하고 $|X|$로 나타낸다.

보기 5.1 유한집합 $X = \{1, 2, 3\}$와 $Y = \{5, 6, 7, 8\}$에 대하여

$$|X| = 3, \qquad |Y| = 4$$

이다.

무한집합의 크기를 위와 같은 방법으로 나타내기는 어렵다. 무한집합의 크기를 나타내는 수는 일상생활에서 찾을 수 없을 뿐더러 이와 같은 방법으로 무한집합의 크기를 나타내기 부적절하다.

5.1.1 기수의 정의

물건의 개수 세기를 집합에 대한 일대일 대응으로 이해할 수 있다. 다시 말하면, 자연수 $n = \{0, 1, 2, \ldots, n-1\}$과 유한집합 A에 대하여

$$n = |A| \leftrightarrow A \approx n$$

이다. 여기서 자연수 n은 집합 $\{0, 1, 2, \ldots, n-1\}$로 정의되며 $A \approx n$은 일대일 대응 $f\colon A \to n$가 존재함으로 정의됨을 기억하자.

보기 5.2 유한집합 $A = \{1, 2, 3\}$와 $B = \{5, 6, 7, 8\}$에 대하여

$$A \approx 3, \qquad B \approx 4$$

이다.

유한집합 X와 자연수 n에 대하여, $X \approx n$일 때 집단 $[X] = \{Y \in \mathcal{U} \mid Y \approx X\}$에 자연수 n이 포함되며 자연수 n이 이들 집단 $[X]$에 속하는 집합의 크기를 나타낼 수 있다. 그렇지만 무한집합 X의 경우에 집단 $[X] = \{Y \in \mathcal{U} \mid Y \approx X\}$에 속하는 특정 집합을 나타내기가 힘들다. 이때 집단 $[X]$가 집합도 아니기 때문에 선택공리도 적용할 수 없다. 이를 극복하기 위하여 다음과 같은 새로운 공리가 필요하다.

공리 10: 기수공리

다음이 성립하는 집합들을 원소로 하는 집단 CD가 존재한다.

(가) 집합 X에 대하여, $\exists x \in \mathrm{CD}$, $X \approx x$이다.

(나) 집합 X와 $x, y \in \mathrm{CD}$에 대하여, $(X \approx x \wedge X \approx y) \rightarrow x = y$이다.

(다) $\mathbb{N} \subseteq \mathrm{CD}$.

집단 CD의 원소를 **기수**라고 한다. 집합 X의 기수를 $|X|$로 나타낸다.[1]

앞에서 유한집합 X의 크기를 $|X|$로 나타내었는데 위의 공리 (다)에서 $\mathbb{N} \subseteq \mathrm{CD}$이므로 유한집합 X에 대하여 X의 크기와 기수가 같음을 알 수 있다.

모든 자연수의 집합 $\mathbb{N}$에 속하는 기수를 **유한기수**라고 하고 그렇지 않은 기수를 **무한기수**라고 한다.[2] 모든 자연수의 집합 $\mathbb{N}$의 기수 $|\mathbb{N}|$를 $\aleph_0$으로 나타낸다.[3]

5.1.2 기수의 덧셈

기수의 덧셈에 대하여 알아본다. 기수 a와 b에 대하여, $a = |A|$이고 $b = |B|$이며 $A \cap B = \emptyset$인 집합 A, B는 존재한다. 왜냐하면 $a = |X|$이고 $b = |Y|$인 집합 X와 Y가 존재하므로 $A = X \times \{0\}$로 놓고 $B = Y \times \{1\}$로 놓으면 $A \cap B = \emptyset$이며 $|A| = a$이고 $|B| = b$이기 때문이다.

기수의 덧셈을 다음과 같이 정의한다.

[1]집합 X의 기수 $|X|$를 $\#X$ 또는 $\mathrm{card}\, X$로 나타내기도 한다.
[2]무한기수를 **초한기수**라고도 한다.
[3]문자 $\aleph$는 히브리어의 첫번째 문자로서 '알레프'라고 읽는다.

정의 5.2: 기수의 합

기수 a와 b에 대하여, $a = |A|$이고 $b = |B|$이며 $A \cap B = \emptyset$인 집합 A, B에 대하여

$$|A \cup B|$$

를 a와 b의 **합**이라고 하고 $a + b$로 나타낸다. 이때 $+$를 기수의 **덧셈**이라고 한다.

집합 대응의 확대에 대한 정리 4.2에 따르면, 집합 A_1, A_2, B_1, B_2에 대하여 만약 $A_1 \approx A_2$ 그리고 $B_1 \approx B_2$ 그리고 $A_1 \cap B_1 = \emptyset$ 그리고 $A_2 \cap B_2$이면 $A_1 \cup B_1 \approx A_2 \cup B_2$이다. 따라서 기수의 합이 잘 정의됨을 알 수 있다.

보기 5.3 기수 2와 3에 대하여, $A = \{0, 1\}$이고 $B = \{4, 5, 6\}$이면 $|A| = 2$, $|B| = 3$. $A \cap B = \emptyset$이다. 그런데 $A \cup B = \{0, 1, 4, 5, 6\}$이므로 $|A \cup B| = 5$이다.

예제 5.1 다음을 증명하라.

(가) $2 + \aleph_0 = \aleph_0$, (나) $\aleph_0 + \aleph_0 = \aleph_0$.

풀이. (가) 집합 $A = \{0, 1\}$와 $B = \{2, 3, 4, 5, \ldots\}$에 대하여, $A \approx 2$이고 $B \approx \mathbb{N}$이며 $A \cap B = \emptyset$이므로

$$2 + \aleph_0 = |A| + |B| = |A \cup B| = |\mathbb{N}| = \aleph_0$$

이다.

(나) 모든 자연수 집합 $\mathbb{N}$에서 모든 짝수의 집합과 모든 홀수의 집합을 각각

$$A = \{n \in \mathbb{N} \,|\, \exists m \in \mathbb{N},\, n = 2m\}, \quad B = \{n \in \mathbb{N} \,|\, \exists m \in \mathbb{N},\, n = 2m + 1\}$$

로 놓으면 $A \approx \mathbb{N}$이고 $B \approx \mathbb{N}$ 그리고 $A \cap B = \emptyset$이므로

$$\aleph_0 + \aleph_0 = |A| + |B| = |A \cup B| = |\mathbb{N}| = \aleph_0$$

이다. □

집합 합집합에 대한 결합법칙과 교환법칙에 따라서 다음이 성립한다는 것을 알

수 있다.

정리 5.1: 기수 덧셈의 성질

기수 a, b, c에 대하여

(가) (결합법칙) $a + (b + c) = (a + b) + c$,

(나) (교환법칙) $a + b = b + a$

이다.

증명. (가) $|A| = a, |B| = b, |C| = c$이고 쌍끼리 서로 소인 집합 A, B, C를 선택하자. 그러면

$$\begin{aligned} a + (b + c) &= |A| + (|B| + |C|) \\ &= |A| + |B \cup C| && (B \cap C = \emptyset) \\ &= |A \cup (B \cup C)| && (A \cap (B \cup C) = \emptyset) \\ &= |(A \cup B) \cup C| && (\text{합집합에 대한 결합법칙}) \\ &= |A \cup B| + |C| && ((A \cup B) \cap C = \emptyset) \\ &= (|A| + |B|) + |C| && (A \cap B = \emptyset) \\ &= (a + b) + c \end{aligned}$$

이다.

(나) $|A| = a, |B| = b$이고 $A \cap B = \emptyset$인 집합 A, B를 선택하자. 그러면

$$\begin{aligned} a + b &= |A| + |B| \\ &= |A \cup B| && (A \cap B = \emptyset) \\ &= |B \cup A| && (\text{합집합에 대한 교환법칙}) \\ &= |B| + |A| && (B \cap A = \emptyset) \\ &= b + a \end{aligned}$$

이다. □

5.1.3 기수의 곱셈

기수의 곱셈을 다음과 같이 정의한다.

정의 5.3: 기수의 곱

기수 a와 b에 대하여, $a = |A|$이고 $b = |B|$인 집합 A, B에 대하여

$$|A \times B|$$

를 a와 b의 **곱**이라고 하고 ab로 나타낸다. 이때 연산을 기수의 **곱셈**이라고 한다.

정리 4.3에 따르면 집합 A_1, A_2, B_1, B_2에 대하여 만약 $A_1 \approx A_2$ 그리고 $B_1 \approx B_2$이면 $A_1 \times B_1 \approx A_2 \times B_2$이다. 따라서 기수의 곱이 잘 정의됨을 알 수 있다.

보기 5.4 기수 2와 3에 대하여, $A = \{0, 1\}$이고 $B = \{4, 5, 6\}$이면 $|A| = 2$, $|B| = 3$이다. 그런데 $A \times B = \{(0,4), (0,5), (0,6), (1,4), (1,5), (1,6)\}$이므로 $|A \times B| = 6$이다.

기수 곱에 대하여 다음이 성립한다.

정리 5.2: 기수 곱셈의 성질

기수 a, b, c에 대하여

(가) (결합법칙) $a(bc) = (ab)c$,

(나) (교환법칙) $ab = ba$,

(다) (분배법칙) $a(b + c) = ab + ac$

이다.

증명. (가) $|A| = a, |B| = b, |C| = c$인 집합 A, B, C에 대하여, $\varphi(x, (y, z)) = ((x, y), z)$로 정의되는 함수 $\varphi\colon A \times (B \times C) \to (A \times B) \times C$가 일대일 대응이므로 $A \times (B \times C) \approx (A \times B) \times C$이다. 따라서

$$a(bc) = |A \times (B \times C)| = |(A \times B) \times C| = (ab)c$$

이다.

(나) $|A| = a, |B| = b$인 집합 A, B에 대하여, $\varphi(x, y) = (y, x)$로 정의되는 함수 $\varphi\colon A \times B \to B \times A$가 일대일 대응이므로 $A \times B \approx B \times A$이다. 따라서

$$ab = |A \times B| = |B \times A| = ba$$

이다.

(다) $|A| = a, |B| = b, |C| = c$이고 $B \cap C = \emptyset$인 집합 A, B, C에 대하여

$$A \times (B \cup C) = (A \times B) \cup (A \times C), \qquad (A \times B) \cap (A \times C) = \emptyset$$

이다. 따라서

$$a(b + c) = |A \times (B \cup C)| = |(A \times B) \cup (A \times C)| = |A \times B| + |A \times C| = ab + ac$$

이다. □

예제 5.2 기수 a에 대하여, 다음이 성립한다는 것을 증명하라.

(가) $0a = 0$, (나) $1a = a$, (다) $\aleph_0\aleph_0 = \aleph_0$.

풀이. (가) $|A| = a$인 집합 A에 대하여, $\emptyset \times A = \emptyset$이므로

$$0a = |\emptyset \times A| = |\emptyset| = 0$$

이다.

(나) $|A| = a$인 집합 A에 대하여, $\{0\} \times A \approx A$이므로

$$1a = |\{0\} \times A| = |A| = a$$

이다.

(다) $\mathbb{N} \times \mathbb{N} \approx \mathbb{N}$이므로

$$\aleph_0\aleph_0 = |\mathbb{N} \times \mathbb{N}| = |\mathbb{N}| = \aleph_0$$

이다. □

5.1.4 기수의 거듭제곱

자연수 2와 3에 대하여, 2의 3제곱은

$$2^3 = 2 \cdot 2 \cdot 2 = 8$$

이다. 여기서 $A = 3 = \{0, 1, 2\}$와 $B = 2 = \{0, 1\}$로 놓으면 집합 A에서 B로 함수 $f : A \to B$는 $f(0), f(1), f(2)$의 값에 따라서 결정되는데 이때 $f(n)$은 0 또는 1이 될 수 있으므로 집합 A에서 B로 모든 함수들의 개수는 2^3이다.

집합 A에서 B로 모든 함수들의 집합을 B^A로 나타낸다.

정의 5.4: 기수의 거듭제곱

기수 a와 영이 아닌 기수 b에 대하여, $a = |A|$이고 $b = |B|$인 집합 A, B에 대하여 $|B^A|$를 b의 a**제곱**이라고 하고 b^a로 나타낸다. 이때 b를 b^a의 **밑**이라고 하고 a를 b^a의 **지수**라고 한다.

보기 5.5 자연수 $2, 3, 4$에 대하여,

$$2^{3+4} = 2 \cdot 2 \cdot 2 \cdot 2 \cdot 2 \cdot 2 \cdot 2 = (2 \cdot 2 \cdot 2) \cdot (2 \cdot 2 \cdot 2 \cdot 2) = 2^3 \cdot 2^4,$$
$$(2^3)^4 = 2^3 \cdot 2^3 \cdot 2^3 \cdot 2^3 = 2^{3+3+3+3} = 2^{3 \cdot 4},$$
$$(2 \cdot 3)^4 = (2 \cdot 3)(2 \cdot 3)(2 \cdot 3)(2 \cdot 3) = (2 \cdot 2 \cdot 2 \cdot 2)(3 \cdot 3 \cdot 3 \cdot 3) = 2^4 \cdot 3^4$$

이다.

기수 거듭제곱에 대하여 다음이 성립한다.

정리 5.3: 기수 거듭제곱의 지수법칙

영이 아닌 기수 a와 기수 b, c에 대하여

(가) $a^{b+c} = a^b a^c$, (나) $a^{bc} = (a^b)^c$

이고, 영이 아닌 기수 a, b와 기수 c에 대하여

(다) $(ab)^c = a^c b^c$

이다.

증명. (가) $|A| = a, |B| = b, |C| = c$인 집합 A, B, C에 대하여, $B \cap C = \emptyset$이라고 가정하자. 그러면 $b + c = |B \cup C|$이다. 등식 $a^{b+c} = a^b a^c$가 성립한다는 것을 보이기 위해서는 일대일 대응 $\varphi\colon A^{B \cup C} \to A^B \times A^c$가 존재함을 보이면 된다. 원소 $f \in A^{B \cup C}$에 대하여 $\varphi(f) = (f_B, f_C)$로 정의하자. 여기서 함수 $f_B\colon B \to A$와 $f_C\colon C \to A$는 함수 $f\colon (B \cup C) \to A$의 각각 B와 C로 제한이다.

(1) 원소 $f, g \in A^{B \cup C}$에 대하여

$$\begin{aligned} \varphi(f) = \varphi(g) &\leftrightarrow (f_B, f_C) = (g_B, g_C) \\ &\leftrightarrow f_B = g_B \wedge f_C = g_C \\ &\rightarrow f = f_B \cup f_C = g_B \cup g_C = g \end{aligned}$$

이므로 $\varphi\colon A^{B \cup C} \to A^B \times A^C$는 일대일 함수이다.

(2) 원소 $(f_1, f_2) \in A^B \times A^C$에 대하여, $f = f_1 \cup f_2$로 놓으면 $f \in A^{B \cup C}$이고 $f_B = f_1$이고 $f_C = f_2$이므로 $(f_1, f_2) = \varphi(f)$이다. 따라서 $\varphi\colon A^{B \cup C} \to A^B \times A^C$는 위로의 함수이다.

함수 $\varphi\colon A^{B \cup C} \to A^B \times A^c$가 일대일 함수이면서 위로의 함수이므로 이는 일대일 대응이다.

(나) 등식 $a^{bc} = (a^b)^c$가 성립한다는 것을 보이기 위해서는, $|A| = a, |B| = b, |C| = c$인 집합 A, B, C에 대하여 일대일 대응 $\varphi\colon A^{B \times C} \to (A^B)^C$가 존재함을 보이면 된다. 원소 $f \in A^{B \times C}$와 $c \in C$에 대하여

$$\varphi(f)(c)(b) = f(b, c)$$

로 정의되는 함수 $\varphi\colon A^{B \times C} \to (A^B)^C$를 생각하자. 원소 $\varphi(f) \in (A^B)^C$와 $c \in C$에 대하여 $\varphi(f)(c) \in A^B$이므로 $b \in B$에 대하여 $\varphi(f)(c)(b) \in A$이다. 따라서 $\varphi\colon A^{B \times C} \to (A^B)^C$는 잘 정의된다.

(1) 원소 $f, g \in A^{B \times C}$에 대하여

$$\begin{aligned} \varphi(f) = \varphi(g) &\leftrightarrow \forall c \in C,\ \varphi(f)(c) = \varphi(g)(c) \\ &\leftrightarrow \forall b \in B, \forall c \in C,\ \varphi(f)(c)(b) = \varphi(g)(c)(b) \\ &\leftrightarrow \forall (b, c) \in B \times C,\ f(b, c) = g(b, c) \\ &\leftrightarrow f = g \end{aligned}$$

이므로 $\varphi\colon A^{B \times C} \to (A^B)^C$는 일대일 함수이다.

(2) 원소 $h \in (A^B)^C$와 원소 $c \in C$에 대하여 $f(b,c) = h(c)(b)$로 정의하면 $f(b,c) \in A$이므로 $\varphi(f) = h$이다. 따라서 $\varphi\colon A^{B\times C} \to (A^B)^C$는 위로의 함수이다.

함수 $\varphi\colon A^{B\times C} \to (A^B)^C$가 일대일 함수이면서 위로의 함수이므로 함수 $\varphi\colon A^{B\times C} \to (A^B)^C$는 일대일 대응이다.

(다) 등식 $(ab)^c = a^c b^c$가 성립한다는 것을 보이기 위해서는, $|A| = a, |B| = b, |C| = c$인 집합 A, B, C에 대하여 일대일 대응 $\varphi\colon (A\times B)^C \to A^C \times B^C$가 존재함을 보이면 된다. 원소 $f \in (A\times B)^C$에 대하여

$$\varphi(f) = (\pi_1 \circ f, \pi_2 \circ f)$$

로 정의되는 함수 $\varphi\colon (A\times B)^C \to A^C \times B^C$를 생각하자. 여기서 $\pi_1\colon A\times B \to A$와 $\pi_2\colon A\times B \to B$는 각각 $\pi_1(a,b) = a$와 $\pi_2(a,b) = b$로 정의된다.

(1) 원소 $f, g \in (A\times B)^C$에 대하여

$$\begin{aligned}\varphi(f) = \varphi(g) &\leftrightarrow (\pi_1 \circ f, \pi_2 \circ f) = (\pi_1 \circ g, \pi_2 \circ g)\\ &\leftrightarrow \pi_1 \circ f = \pi_1 \circ g \wedge \pi_2 \circ f = \pi_2 \circ g\\ &\leftrightarrow (\forall c \in C, (\pi_1 \circ f)(c) = (\pi_1 \circ g)(c))\\ &\qquad\quad \wedge (\forall c \in C, (\pi_2 \circ f)(c) = (\pi_2 \circ g)(c))\\ &\leftrightarrow f = g\end{aligned}$$

이므로 $\varphi\colon (A\times B)^C \to A^C \times B^C$는 일대일 함수이다.

(2) 원소 $(f_1, f_2) \in A^C \times B^C$에 대하여, $f(c) = (f_1(c), f_2(c))$로 정의하면 $f \in (A\times B)^C$ 이고 $f_1 = \pi_1 \circ f$이고 $f_2 = \pi_2 \circ f$이므로 $\varphi(f) = (f_1, f_2)$이다. 따라서 $\varphi\colon (A\times B)^C \to A^C \times B^C$는 위로의 함수이다.

$\varphi\colon (A\times B)^C \to A^C \times B^C$가 일대일 함수이면서 위로의 함수이므로 $\varphi\colon (A\times B)^C \to A^C \times B^C$는 일대일 대응이다. □

연습문제 5.1

1. 다음 집합의 기수를 구하라.

   (가) $A = \{3, 4\}$,　　(나) $B = \{\emptyset\}$,

   (다) $C = \{2n \in \mathbb{N} \mid n \in \mathbb{N}\}$,　　(라) $D = \{\emptyset, \{\emptyset\}\}$.

2. 집합 $X = \{0, 1, 2\}$와 $Y = \{5, 6\}$에 대하여 $|X \times Y|$를 구하라.

3. 모든 기수 집단 CD는 고유집단인 것을 증명하라.

4. 다음이 성립한다는 것을 증명하라.

   (가) 영이 아닌 자연수 n에 대하여, $2n \neq n$이다.

   (나) $2\aleph_0 = \aleph_0$.

5. 기수 a에 대하여, $a + 0 = a$인 것을 증명하라.

6. 기수 a와 b에 대하여, $a = |A|$ 그리고 $b = |B|$이면 $|A \cup B| + |A \cap B| = a + b$인 것을 증명하라.

7. 기수 a와 b에 대하여, $ab = 0$은 $a = 0$ 또는 $b = 0$이기 위한 필요충분조건인 것을 증명하라.

8. 기수 a와 b에 대하여, $ab = 1$은 $a = 1$ 그리고 $b = 1$이기 위한 필요충분조건인 것을 증명하라.

9. 무한기수 a에 대하여, $\aleph_0 + a = a$인 것을 증명하라.

10. 기수 a에 대하여 다음이 성립한다는 것을 증명하라.

    (가) $a^0 = 1$.　　(나) $a^1 = a$,

    (다) $1^a = 1$,　　(라) $0^a = 0$ (단, $a \neq 0$).

5.2 기수의 순서관계

모든 자연수의 집합 $\mathbb{N}$에 대하여 다음과 같이 순서관계를 정의할 수 있다.

정의 5.5: 자연수의 순서관계

자연수 $n, m \in \mathbb{N}$에 대하여, $m = n + k$인 자연수가 존재하면 n은 m보다 **작거나 같다**라고 하고 $n \leq m$로 나타낸다. $n \leq m$이지만 $n \neq m$이면 n은 m보다 **작다**라고 하고 $n < m$로 나타낸다.

보기 5.6 자연수 2와 5에 대하여, $2 \neq 5$이고 $5 = 2 + 3$이므로 $2 < 5$이다.

5.2.1 기수의 순서관계

자연수에 대한 순서관계를 다음과 같이 일반적인 기수에 대한 순서관계로 확장할 수 있다.

정의 5.6: 기수의 순서관계

기수 a, b에 대하여, $a = |A|$이고 $b = |B|$인 집합 A와 B에 대하여 일대일 함수 $f\colon A \to B$가 존재하면 a는 b보다 **작거나 같다**라고 하고 $a \leq b$로 나타낸다. $a \leq b$이고 $a \neq b$이면 a는 b보다 **작다**라고 하고 $a < b$로 나타낸다.

기수 a와 b에 대하여, $a = |A_1| = |A_2|$. $b = |B_1| = |B_2|$인 집합 A_1, A_2, B_1, B_2를 생각하자. $A_1 \approx A_2$이고 $B_1 \approx B_2$이므로 일대일 대응 $g\colon A_1 \to A_2$와 $h\colon B_1 \to B_2$가 존재한다. 만약 일대일 함수 $f\colon A_1 \to B_1$이 존재하면 $h \circ f \circ g^{-1}\colon A_2 \to B_2$는 일대일 함수이다. 따라서 $\leq$가 잘 정의됨을 확인할 수 있다.

예제 5.3 모든 자연수의 집합 $\mathbb{N}$과 모든 실수의 집합 $\mathbb{R}$에 대하여, $\aleph_0 = |\mathbb{N}|$와 $\aleph_1 = |\mathbb{R}|$로 놓을 때 $\aleph_0 < \aleph_1$인 것을 증명하라.

풀이. $\mathbb{N} \subseteq \mathbb{R}$이므로 $f(n) = n$으로 정의되는 일대일 함수인 포함함수 $f\colon \mathbb{N} \to \mathbb{R}$가 존재한다. 따라서 $\aleph_0 \leq \aleph_1$이다. 한편 칸토어의 대각법에 따라서 $\mathbb{R}$은 번호 붙을 수 있는 집합이 아니므로 $\mathbb{N} \not\approx \mathbb{R}$이다. 따라서 $\aleph_0 \neq \aleph_1$이다. $\aleph_0 \leq \aleph_1$이고 $\aleph_0 \neq \aleph_1$이므로 $\aleph_0 < \aleph_1$이다. □

정리 5.4: 칸토어

집합 X에 대하여, $|X| < |\mathcal{P}(X)|$이다.

증명. 만약 $X = \emptyset$이면 $\mathcal{P}(X) = \{\emptyset\}$이므로 $|X| = 0 < 1 = |\mathcal{P}(X)|$이다.

집합 X가 공집합이 아니라고 가정하자. 원소 $x, y \in X$에 대하여 $x \neq y$이면 $\{x\} \neq \{y\}$이므로, $f(x) = \{x\}$로 정의되는 함수 $f\colon X \to \mathcal{P}(X)$는 일대일 함수이다. 따라서 $|X| \leq |\mathcal{P}(x)|$이다. 이제 $X \not\approx \mathcal{P}(X)$만을 증명하면 된다. 이를 귀류법으로 보이기 위하여 $X \approx \mathcal{P}(X)$라고 즉 일대일 대응 $g\colon X \to \mathcal{P}(X)$가 존재한다고 가정하자. 집합

$$A = \{x \in X \mid x \notin g(x)\}$$

에 대하여, $A \in \mathcal{P}(X)$이고 g가 일대일 대응이므로 $g(y) = A$인 원소 $y \in X$가 존재한다. 만약 $y \in A$이면 $y \notin g(y) = A$이므로 모순이고, 만약 $y \notin A$이면 $y \in g(y) = A$이므로 모순이다. 귀류법에 따라서 $X \not\approx \mathcal{P}(X)$이다. □

함수 $f\colon A \to A$와 자연수 $n \in \mathbb{N}$에 대하여, $f^n\colon A \to A$를 귀납적으로

(가) $f^0 = \mathcal{I}_A$,

(나) $f^{n+1} = f \circ f^n$

로 정의하자.

자기관계 $\leq$의 반대칭성에 대한 슈뢰더-베른슈타인 정리를 증명하기 위하여 먼저 다음을 살펴보자.

보조정리 5.5: 부분집합과 대등하기 위한 충분조건

집합 A와 부분집합 $B \subseteq A$에 대하여, 일대일 함수 $f\colon A \to B$가 존재하면 $A \approx B$이다.

증명. 일대일 함수 $f\colon A \to B$가 존재한다고 가정하자. 만약 $B = A$이면 항등함수 $\mathcal{I}_A\colon A \to A$가 일대일 대응이다.

$B \subset A$라고 가정하자. $m < n$인 서로 다른 자연수 $n, m \in \mathbb{N}$에 대하여, $f^m(A - B) \cap f^n(A - B) = \emptyset$이다. 왜냐하면 $f^m(A - B) \cap f^n(A - B) \neq \emptyset$이면 $f^m(x_0) =$

$f^n(x_1)$인 원소 $x_0, x_1 \in A-B$가 존재하고 f가 일대일 함수이므로

$$\begin{gathered} f^{m-1}(x_0) = f^{n-1}(x_1) \\ f^{m-2}(x_0) = f^{n-2}(x_1) \\ \vdots \\ f^{0}(x_0) = f^{n-m}(x_1) \end{gathered}$$

이어서 $x_0 = f^0(x_0) = f^{n-m}(x_1) \in (A-B) \cap B = \emptyset$인데 이는 모순이기 때문이다. $A_0 = \bigcup_{n \in \mathbb{N}} f^n(A-B)$로 놓자. 그러면 $A - B = f^0(A-B) \subseteq A_0$이고

$$f(A_0) = f\left(\bigcup_{n\in\mathbb{N}} f^n(A-B)\right) = \left(\bigcup_{n\in\mathbb{N}-\{0\}} f^n(A-B)\right) = A_0 - (A-B) \subseteq A_0$$

이다. 함수 $h\colon A \to B$를

$$h(x) = \begin{cases} f(x) & (x \in A_0\text{일 때}), \\ x & (x \in A - A_0\text{일 때}) \end{cases}$$

로 정의하자. 그러면 $f\colon A \to B$는 일대일 함수이고 $f(A_0) \subseteq A_0$이므로 $h\colon A \to B$는 일대일 함수이다. 또한

$$\begin{aligned} h(A) &= h(A - A_0) \cup h(A_0) \\ &= (A - A_0) \cup f\left(\bigcup_{n\in\mathbb{N}} f^n(A-B)\right) \\ &= (A - A_0) \cup \left(\bigcup_{n\in\mathbb{N}-\{0\}} f^n(A-B)\right) \\ &= (A - A_0) \cup (A_0 - (A-B)) = B \end{aligned}$$

이므로 $h\colon A \to B$는 위로의 함수이다. 함수 $h\colon A \to B$가 일대일 함수이면서 위로의 함수이므로 일대일 대응이다. □

기수에 대한 자기관계 $\le$에 대하여, $\le$이 반사적이고 추이적인 것을 쉽게 알 수 있다. 자기관계 $\le$의 반대칭성을 다음에서 볼 수 있으므로 자기관계 $\le$가 순서관계인 것을 알 수 있다.

정리 5.6: 슈뢰더-베른슈타인

기수 a와 b에 대하여, $a \leq b$이고 $b \leq a$이면 $a = b$이다.[a]

[a]칸토어가 이 정리를 제일 먼저 제안하여 이 정리를 .**칸토어-슈뢰더-베른슈타인 정리**라고도 한다. 또한, 슈뢰더가 제시한 증명에 오류가 있어서 이 정리를 **칸토어-베른슈타인 정리**라고도 한다.

증명. $a \leq b$이고 $b \leq a$라고 가정하자. $a = |A|$, $b = |B|$인 집합 A, B를 선택하자. 그러면 $a \leq b$이고 $b \leq a$이므로 일대일 함수 $f\colon A \to B$와 $g\colon B \to A$가 존재한다. $A_0 = g(B)$로 놓으면 합성함수 $g \circ f\colon A \to A_0$은 일대일 함수이므로 부분집합과 대응하기 위한 충분조건에 대한 보조정리에 따라서 일대일 대응 $h\colon A \to A_0$가 존재한다. 함수 $g\colon B \to A_0$가 일대일 대응이므로 합성함수 $g^{-1} \circ h\colon A \to B$는 일대일 대응이다. □

기수에서 순서관계 $\leq$가 자연수에서 순서관계 $\leq$의 확장인 것을 다음에서 확인할 수 있다.

정리 5.7: 부등식이 성립하기 위한 필요충분조건

기수 a와 b에 대하여, $b = a + c$인 기수 c가 존재함은 $a \leq b$이기 위한 필요충분조건이다.

증명. $b = a + c$인 기수 c가 존재한다고 가정하자. $a = |A|$, $b = |B|$, $c = |C|$이고 $A \cap C = \emptyset$인 집합 A, B, C를 선택하자. 그러면 $b = a + c$이므로 일대일 대응 $f\colon A \cup C \to B$가 존재한다. 함수 $f\colon A \cup C \to B$의 A로 제약 $f_{[A]}\colon A \to B$는 일대일 함수이므로 $a \leq b$이다.

역으로 $a \leq b$라고 가정하자. 가정에 따라서 $a = |A|$, $b = |B|$인 집합 A, B에 대하여 일대일 함수 $f\colon A \to B$가 존재한다. 이때 $A \cap B = \emptyset$인 집합으로 선택할 수 있으므로 $A \cap B = \emptyset$이라고 가정하자. $C = B - f(A)$로 놓으면 함수 $f\colon A \to f(A)$와 항등함수 $\mathcal{I}_C\colon C \to C$는 일대일 대응이므로 $f \cup \mathcal{I}_C\colon A \cup C \to B$는 일대일 대응이다. 따라서 $c = |C|$로 놓으면 $b = a + c$이다. □

5.2.2 무한기수의 성질

여기서 자연수의 연산에서 볼 수 없는 무한기수 연산의 여러 성질을 살펴본다.

자연수 n에 대하여 $2 \leq n$이면 $n < nn$이다. 이 결과와 대조적으로 무한기수에 대하여 다음이 성립한다.

정리 5.8: 무한기수의 제곱

무한기수 a에 대하여, $aa = a$이다.

증명. $|A| = a$인 무한집합 A를 고정하자. 집합 A가 무한집합이므로 $D \subseteq A$인 번호붙일 수 있는 집합 D가 존재하고, $D \approx D \times D$이므로 일대일 대응 $\varphi\colon D \to D \times D$가 존재한다. 이제

(가) $B \subseteq A$이고 $f\colon B \to B \times B$는 일대일 대응이며,

(나) $D \subseteq B$이고 $\varphi \subseteq f$인

모든 순서쌍 (B, f)의 집합을 $\mathscr{A}$로 놓자. 그러면 $(D, \varphi) \in \mathscr{A}$이므로 $\mathscr{A} \neq \emptyset$이다. 집합 $\mathscr{A}$에서 $B_1 \subseteq B_2$ 그리고 $f_1 \subseteq f_2$이면 $(B_1, f_1) \leq (B_2, f_2)$로 정의하자. 부분순서집합 $(\mathscr{A}, \leq)$에서 $\mathscr{C} = \{(B_i, f_i)\}_{i \in I}$가 전순서 부분집합이면

$$B = \bigcup_{i \in I} B_i, \qquad f = \bigcup_{i \in I} f_i$$

일 때 (B, f)가 $\mathscr{C}$의 상계이므로 조른의 보조정리에 따라서 극대원소 $(M, g) \in \mathscr{A}$가 존재한다. 여기서 $b = |M|$로 놓자. 함수 $g\colon M \to M \times M$이 일대일 대응이므로 $M \approx M \times M$ 즉 $bb = b$이다. 또한 $b = 0 + b \leq b + b$이고 $b + b = 1b + 1b = (1+1)b \leq bb = b$이므로 $b + b = b$이다. 정리하면 $bb = b$ 그리고 $b + b = b$이다.

$b = a$인 것을 귀류법으로 증명하기 위하여 $b < a$라고 가정하자. 이제 $c = |A - M|$로 놓으면 $M \cap (A - M) = \emptyset$이므로

$$a = |A| = |M| + |A - M| = b + c$$

이다. 만약 $c \leq b$이면 $a = b + c \leq b + b = b$이므로 가정 $b < a$에 모순이다. 따라서 $b < c$이고 이 부등식에 따라서 $|E| = b$이고 $E \subset A - M$인 집합 E가 존재한다.

여기서

$$(M \cup E) \times (M \cup E) = (M \times M) \cup (M \times E) \cup (E \times M) \cup (E \times E)$$

이고 $M \times M$, $M \times E$, $E \times M$, $E \times E$는 쌍마다 서로 소이고

$$|M \times M| = |M \times E| = |E \times M| = |E \times E| = bb = b$$

이므로

$$|(M \times E) \cup (E \times M) \cup (E \times E)| = b + b + b = b + b = b$$

이다. 따라서 일대일 대응 $h\colon E \to [(M{\times}E){\cup}(E{\times}M){\cup}(E{\times}E)]$가 존재한다. 그러면 $(g{\cup}h)\colon (M{\cup}E) \to [(M{\cup}E){\times}(M{\cup}E)$가 일대일 대응이므로 $(M, g) < (M{\cup}E, g{\cup}h)$이다. 이는 (M, g)가 극대원소임에 모순이다. 따라서 $b = a$이고 $aa = a$이다. □

자연수 n, m에 대하여, $1 \leq n \leq m$이면 $m < n + m$이다. 또한 $2 \leq n \leq m$이면 $m < nm$이다. 이 결과에 대조적으로 무한기수에 대하여 다음이 성립한다.

정리 5.9: 무한기수의 합과 곱

기수 a, b에 대하여, $1 \leq a \leq b$이고 b가 무한기수이면 $ab = a + b = b$이다.

증명. 가정에 따라서 $1 \leq a$이므로 $b = 1b \leq ab$이다. 또한 가정에 따라서 $a \leq b$이고 정리 5.8에 따라서 $bb = b$이므로 $ab \leq bb = b$이다. 따라서 $ab = b$이다.

정리 5.8에 따라서 $bb = b$이므로

$$b \leq a + b \leq b + b = 1b + 1b = 2b \leq bb = b$$

이다. 따라서 $a + b = b$이다. □

기수 b에 대하여, $1 \leq b$이면 $1^b = 1$이다. 지수가 무한기수인 거듭제곱 계산에서 다음이 성립한다.

정리 5.10: 무한기수 지수

기수 a, b에 대하여, $2 \leq a \leq b$이고 b는 무한기수이면 $a^b = 2^b$이다.

증명. $2 \leq a$이므로 $2^b \leq a^b$이다. $2 \leq a \leq b$이고 b가 무한기수이므로 정리 5.9에 따라서 $bb = b$이고 또한 $a < |\mathcal{P}(a)| = 2^a$이므로 $a^b \leq (2^a)^b = 2^{ab} = 2^{bb} = 2^b$이다. □

연습문제 5.2

1. 집합 A, B에 대하여, $A \subseteq B$이면 $|A| \leq |B|$인 것을 증명하라.

2. 기수 a에 대하여, $a \leq a$인 것을 증명하라.

3. 기수 $a, b, c,$에 대하여, $a \leq b$ 그리고 $b \leq c$이면 $a \leq c$인 것을 증명하라.

4. 유한기수 n에 대하여, $n < \aleph_0$인 것을 증명하라.

5. 무한기수 a에 대하여, $\aleph_0 \leq a$인 것을 증명하라.

6. 기수 a, b, c에 대하여, $a \leq b$이면 $a + c \leq b + c$인 것을 증명하라.

7. 기수 a, b, c에 대하여, $a \leq b$이면 $ac \leq bc$인 것을 증명하라.

8. 기수 a에 대하여, $a < 2^a$인 것을 증명하라.

9. 기수 a, b, c, d에 대하여, $a \leq c$ 그리고 $b \leq d$이면 $b^a \leq d^c$인 것을 증명하라.

10. 기수 $a, b, c,$에 대하여, a가 무한기수이고 $a \leq bc$이면 $a \leq b$ 또는 $a \leq c$인 것을 증명하라.

11. 기수 a, b, c에 대하여, $a + a = a + b$이면 $b \leq a$인 것을 증명하라.

12. 기수 a, b, c에 대하여, $a + b < a + c$이면 $b < c$인 것을 증명하라.

13. 기수 a, b, c에 대하여, $ab < ac$이면 $b < c$인 것을 증명하라.

5.3 순서수와 연산

자연수 $0, 1, 2, 3, \ldots$은 물건의 개수를 나타내는 '기수'로서 역할을 하며 또한 "영째, 첫째, 둘째, 세째, ...와 같이 나열된 자연수의 위치를 나타내는 '순서수'로서 역할도 한다.[4] 이때 순서 $\leq$는 표준순서관계이다. 이 절에서 순서관계에 대한 모든 자연수 집합 $(\mathbb{N}, \leq)$을 일반적인 순서수로 확장함을 살펴본다.

집합 $(\mathbb{N}, \leq)$에서 순서를 생각해 보자. 가장 처음 나오는 수는 집합 $\mathbb{N}$에서 가장 작은 수인 0이다. 다음에 나오는 수는 집합 $\mathbb{N} - \{0\}$에서 가장 작은 수인 1이고, 그 다음에 나오는 수는 집합 $\mathbb{N} - \{0, 1\}$에서 가장 작은 수인 2이다. 이 과정에서 집합 $(\mathbb{N}, \leq)$이 정렬집합임이 중요함을 알 수 있다.

5.3.1 순서수의 정의

기수가 임의의 집합의 크기 즉, 그 집합의 원소 개수를 나타내는 것인 반면에, 순서수는 정렬집합의 위치를 나타낸다.

두 정렬집합에 대한 순서동형은 다음과 같이 정의한다.

정의 5.7: 정렬집합의 순서동형

정렬집합 $(X_1, \leq_1)$와 $(X_2, \leq_2)$에 대하여,

$$\forall x, \forall y \in X_1,\ x \leq_1 y \leftrightarrow f(x) \leq_2 f(y)$$

인 일대일 대응 $f\colon X_1 \to X_2$가 존재하면 $(X_1, \leq_1)$와 $(X_2, \leq_2)$는 **순서동형**이라고 하고 $(X_1, \leq_1) \approxeq (X_2, \leq_2)$ 또는 간단히 $X_1 \approxeq X_2$로 나타낸다. 이때 $f\colon X_1 \to X_2$를 **순서동형함수**라고 한다.

보기 5.7 집합 $A = \{1, 2, 3\}$, $B = \{4, 5\}$, $C = \{6, 7, 8\}$와 표준순서관계 $\leq$에 대하여, $|B| = 2 < 3 = |A|$이므로 A에서 B로 일대일 대응이 존재하지 않는다. 따라서 $(A, \leq) \not\approxeq (B, \leq)$이다. 그렇지만 $f(1) = 6$, $f(2) = 7$, $f(3) = 8$로 정의되는 함수 $f\colon A \to C$가 순서동형함수이므로 $(A, \leq) \approxeq (C, \leq)$이다.

기수에 대한 공리와 같이 순서수에 대한 공리를 다음에서 알 수 있다.

[4] 순서수를 **서수**라고도 한다.

공리 11: 순서수

다음이 성립하는 정렬집합들을 원소로 하는 집단 OD가 존재한다.

(가) 정렬집합 $(X, \leq)$에 대하여, $\exists \alpha \in \mathrm{OD}$, $(X, \leq) \approxeq \alpha$이다.

(나) 정렬집합 $(X, \leq)$와 $\alpha, \beta \in \mathrm{OD}$에 대하여,

$$((X, \leq) \approxeq \alpha \wedge (X, \leq) \approxeq \beta) \to \alpha = \beta$$

이다.

(다) $\{(n, \leq) \mid n \in \mathbb{N} \wedge \leq$는 표준순서관계$\} \subseteq \mathrm{OD}$.

집단 OD의 원소를 **순서수**라고 한다.

자연수 $n = \{0, 1, 2, \ldots, n-1\}$에 대하여, n의 기수 $n = |n|$은 집합 n의 원소의 개수를 나타내고 순서수 $(n, \leq)$는 집합 n의 원소들의 순서있는 나열 $(0, 1, 2, \ldots, n-1)$을 나타냄을 알 수 있다. 이때 순서수 $(n, \leq)$은 **유한순서수**라고 하고 유한순서수가 아닌 순서수는 **무한순서수**라고 한다.[5]

정의 5.8: 정렬집합의 순서수

정렬집합 $(X, \leq)$와 순서수 α에 대하여, $(X, \leq) \approxeq \alpha$이면 α를 정렬집합 $(X, \leq)$의 **순서수**라고 하며 $\alpha = \mathrm{ord}(X, \leq)$로 나타낸다.

집합 $(\mathbb{N}, \leq)$의 순서수를 ω로 나타낸다.[6]

5.3.2 순서수의 덧셈

기수에 대하여 합과 곱을 정의하는 방법과 같이 순서수에도 연산을 정의할 수 있다.

서로 소인 정렬집합 $(X_1, \leq_1)$와 $(X_2, \leq_2)$에 대하여, 순서 $\leq_1$에 대해 X_1의 모든 원소가 나열된 후에 순서 $\leq_2$에 대해 X_2의 원소가 나열된 순서관계가 정의된 정렬집합을 다음과 같이 정의한다.

---

[5]무한순서수를 **초한순서수**라고도 한다.

[6]문자 ω는 그리스 문자 중에서 가장 뒤에 나오는 문자의 소문자로서 '오메가'라고 읽는다.

정의 5.9: 정렬집합의 순서합

서로 소인 정렬집합 $(X_1, \leq_1)$와 $(X_2, \leq_2)$에 대하여, $x, y \in X_1 \cup X_2$일 때

(가) $\exists i \in \{1,2\}, (x \in X_i \wedge y \in X_i \wedge x \leq_i y)$, 또는

(나) $x \in X_1 \wedge y \in X_2$

이면 $x \leq_+ y$로 정의할 때 정렬집합 $(X_1 \cup X_2, \leq_+)$을 $(X_1, \leq_1)$와 $(X_2, \leq_2)$의 **순서합**이라고 하고 $(X_1, \leq_1) \oplus (X_2, \leq_2)$로 나타낸다.

위의 정의에서 $\leq_+$가 집합 $X_1 \cup X_2$에서 순서관계이고 $(X_1 \cup X_2, \leq_+)$이 정렬집합인 것을 쉽게 알 수 있다. 또한 정렬집합 $(X_1, \leq_1)$에 대하여, $x, y \in X_1$일 때 $x \leq_1 y$이면 $(x, 0) \leq_3 (y, 0)$로 정의하면 $(X_1 \times \{0\}, \leq_3)$가 정렬집합이고 $(X_1, \leq_1) \approxeq (X_1 \times \{0\}, \leq_3)$인 것을 알 수 있다. 같은 방식으로 $(X_2, \leq_2) \approxeq (X_2 \times \{1\}, \leq_4)$인 정렬집합 $(X_2 \times \{1\}, \leq_4)$를 구성할 수 있고 $(X_1 \times \{0\}) \cap (X_2 \times \{1\}) = \emptyset$이므로 정렬집합 $(X_1, \leq_1)$와 $(X_2, \leq_2)$가 서로 소임이 특별한 조건이 아님을 알 수 있다.

보기 5.8 집합 $A = \{0, 2, 4\}$, $B = \{1, 3, 5\}$와 표준순서관계 $\leq$에 대하여, 정렬집합 $(A, \leq)$와 $(B, \leq)$를 순서에 따라 나열하면 각각

$$0, 2, 4 \qquad \text{그리고} \qquad 1, 3, 5$$

이며 정렬집합 $(A, \leq) \oplus (B, \leq)$를 순서에 따라 나열하면

$$0, 2, 4, 1, 3, 5$$

이다.

정렬집합의 순서합을 이용하여 다음과 같이 순서수의 합을 정의한다.

정의 5.10: 순서수의 합

순서수 α와 β에 대하여, $\alpha = \mathrm{ord}(X_1, \leq_1)$이고 $\beta = \mathrm{ord}(X_2, \leq_2)$이며 $X_1 \cap X_2 = \emptyset$인 정렬집합 $(X_1, \leq_1)$와 $(X_2, \leq_2)$에 대하여 $\mathrm{ord}((X_1, \leq_1) \oplus (X_2, \leq_2))$를 α와 β의 **합**이라고 하고 $\alpha + \beta$로 나타낸다. 이때 $+$를 **순서수의 덧셈**이라고 한다.

예제 5.4 표준순서관계 $\leq$에 대하여, $(3, \leq) + (2, \leq) = (5, \leq)$인 것을 보이라.

풀이. $(2, \leq) = (\{0, 1\}, \leq) \approx (\{3, 4\}, \leq)$이므로

$$(3, \leq) + (2, \leq) = (\{0, 1, 2\}, \leq) + (2, \leq) = (\{0, 1, 2, 3, 4\}, \leq) = (5, \leq)$$

이다. □

다음 예제에서 순서수 덧셈에 대한 교환법칙이 성립하지 않음을 알 수 있다.

예제 5.5 표준순서관계 $\leq$에 대하여, 다음을 보이라

(가) $(3, \leq) + \omega = \omega$,　　　　(나) $\omega + (3, \leq) \neq \omega$.

풀이. (가) $(\mathbb{N}, \leq) \approx (\{3, 4, 5, \ldots\}, \leq)$이므로

$$(3, \leq) + \omega = (\{0, 1, 2\}, \leq) + (\mathbb{N}, \leq) = (\{0, 1, 2, 3, 4, 5, \ldots\}, \leq) = \omega$$

이다.

(나) 귀류법을 적용하기 보이기 위하여 $\omega + (3, \leq) = \omega$라고 가정하자. 그러면

$$\omega \approx (\{3, 4, 5, \ldots\}, \leq)$$

이므로 순서수 $\omega + (3, \leq) = \mathrm{ord}(\mathbb{N}, \leq_1)$을 순서관계 $\leq_1$에 대한 나열

$$3, 4, 5, \ldots, 0, 1, 2$$

로 나타낼 수 있다. 가정에 따라서 $\omega = \omega + (3, \leq)$이므로 순서동형함수 $f \colon \mathbb{N} \to \mathbb{N}$이 존재한다. 이때 $f(0) = 3,\ f(1) = 4,\ f(2) = 5, \ldots$ 즉 $f(n) = n + 3$인데 그러면 $\operatorname{im} f = \{3, 4, 5, \ldots\}$이므로 $f \colon \mathbb{N} \to \mathbb{N}$는 위로의 함수가 아니므로 모순이다. □

다음과 같이 순서수 덧셈에 대한 결합법칙이 성립한다.

정리 5.11: 순서수 덧셈에 대한 결합법칙

순서수 α, β, γ에 대하여, $\alpha + (\beta + \gamma) = (\alpha + \beta) + \gamma$이다.

증명. $\alpha = \mathrm{ord}(X_1, \leq_1)$, $\beta = \mathrm{ord}(X_2, \leq_2)$, $\gamma = \mathrm{ord}(X_3, \leq_3)$인 서로 소인 정렬집합 $(X_1, \leq_1), (X_2, \leq_2), (X_3, \leq_3)$를 고정하자. 이제

$$(X_1, \leq_1) \oplus ((X_2, \leq_2) \oplus (X_3, \leq_3)) \approxeq ((X_1, \leq_1) \oplus (X_2, \leq_2)) \oplus (X_3, \leq_3)$$

를 증명하면 된다. 원소 $x, y \in X_1 \cup X_2 \cup X_3$에 대하여,

$$\exists i \in \{1, 2, 3\},\ (x \in X_i \ \wedge\ y \in X_i \ \wedge\ x \leq_i y)$$

또는

$$\forall i, j \in \{1, 2, 3\},\ (x \in X_i \ \wedge\ y \in X_j \ \wedge\ i \neq j) \to i < j$$

이면 $x \leq y$로 정의하자. 그러면 $(X_1 \cup X_2 \cup X_3, \leq)$는 정렬집합이고

$$(X_1 \cup X_2 \cup X_3, \leq) \approxeq (X_1, \leq_1) \oplus ((X_2, \leq_2) \oplus (X_3, \leq_3))$$

그리고

$$(X_1 \cup X_2 \cup X_3, \leq) \approxeq ((X_1, \leq_1) \oplus (X_2, \leq_2)) \oplus (X_3, \leq_3)$$

인 것을 알 수 있다. 따라서

$$(X_1, \leq_1) \oplus ((X_2, \leq_2) \oplus (X_3, \leq_3)) \approxeq ((X_1, \leq_1) \oplus (X_2, \leq_2)) \oplus (X_3, \leq_3)$$

이다. □

5.3.3 순서수의 곱셈

기수의 곱셈을 정의하는 방법과 마찬가지로 순서수의 곱셈을 정의할 수 있다. 부분순서집합 $(X_1, \leq_1)$와 $(X_2, \leq_2)$에 대하여, 곱집합 $X_1 \times X_2$에서 순서관계를 정의하자.

정의 5.11: 역사전식 순서

부분순서집합 $(X_1, \leq_1)$와 $(X_2, \leq_2)$에 대하여, $(a_1, b_1), (a_2, b_2) \in X_1 \times X_2$에서 $b_1 <_2 b_2$ 또는 $b_1 = b_2 \ \wedge\ a_1 \leq_1 a_2$이면 $(a_1, b_1) \leq_\times (a_2, b_2)$로 정의되는 순서관계 $\leq_\times$를 $X_1 \times X_2$에서 **역사전식 순서**라고 한다.

정리 5.12: 역사전식 순서의 정렬성

정렬집합 $(X_1, \leq_1)$와 $(X_2, \leq_2)$에 대하여, $(X_1 \times X_2, \leq_\times)$는 정렬집합이다.

증명. 원소 $(a_1, b_1), (a_2, b_2) \in X_1 \times X_2$에 대하여,

(가) $b_1 <_2 b_2$이면 $(a_1, b_1) <_\times (a_2, b_2)$이고,

(나) $b_2 <_2 b_1$이면 $(a_2, b_2) <_\times (a_1, b_1)$이고,

(다) $b_1 = b_2$이고 $a_1 \leq_1 a_2$이면 $(a_1, b_1) \leq_\times (a_2, b_2)$이고,

(라) $b_1 = b_2$이고 $a_2 <_1 a_1$이면 $(a_2, b_2) <_\times (a_1, b_1)$

이므로 $\leq_\times$는 $X_1 \times X_2$에서 전순서이다.

전순서집합 $(X_1 \times X_2, \leq_\times)$이 정렬집합인 것을 보이기 위하여, 공집합이 아닌 임의의 부분집합을 $S \subseteq X_1 \times X_2$로 놓자. 집합 $A = \{x \in X_1 \mid \exists y \in X_2, (x, y) \in S\}$는 정렬집합 X_1의 공집합이 아닌 부분집합이므로 최소원소 $a \in A$가 존재한다. 그리고 집합 $B = \{y \in X_2 \mid (a, y) \in S\}$는 정렬집합 X_2의 공집합이 아닌 부분집합이므로 최소원소 $b \in B$가 존재한다. 이때 $(a, b) \in S$는 집합 S의 최소원소이다. □

정의 5.12: 정렬집합의 순서곱

정렬집합 $(X_1, \leq_1)$와 $(X_2, \leq_2)$에 대하여, 정렬집합 $(X_1 \times X_2, \leq_\times)$를 $(X_1, \leq_1)$와 $(X_2, \leq_2)$의 **순서곱**이라고 하고 $(X_1, \leq_1) \otimes (X_2, \leq_2)$로 나타낸다.

정의 5.13: 순서수의 곱

순서수 α와 β에 대하여, $\alpha = \mathrm{ord}(X_1, \leq_1)$이고 $\beta = \mathrm{ord}(X_2, \leq_2)$인 정렬집합 $(X_1, \leq_1)$와 $(X_2, \leq_2)$에 대하여

$$\mathrm{ord}((X_1, \leq_1) \otimes (X_2, \leq_2))$$

를 α와 β의 **곱**이라고 하고 $\alpha\beta$로 나타낸다. 이때 순서수 연산을 **순서수의 곱셈**이라고 한다.

다음 예제에서 순서수의 곱에 대한 교환법칙이 성립하지 않음을 확인할 수 있다.

예제 5.6 순서수 $(2, \leq)$와 ω에 대하여, 다음을 증명하라.

(가) $(2, \leq)\omega = \omega$, (나) $\omega(2, \leq) = \omega + \omega$.

풀이. (가) 정렬집합 $(2, \leq) \otimes (\mathbb{N}, \leq)$를 순서에 대해 나열하면

$$(0,0), (1,0), (0,1), (1,1), (0,2), (1,2), \ldots$$

이므로 $(2, \leq) \otimes (\mathbb{N}, \leq) \approxeq (\mathbb{N}, \leq)$이다.

(나) 정렬집합 $(\mathbb{N}, \leq) \otimes (2, \leq)$를 순서에 대해 나열하면

$$(0,0), (1,0), (2,0), (3,0), \ldots, (0,1), (1,1), (2,1), (3,1) \ldots$$

이므로, $(\mathbb{N}, \leq) \otimes (2, \leq) \approxeq (\mathbb{N}, \leq) \oplus (\mathbb{N}, \leq)$이다. □

순서수 곱셈에 대하여 다음이 성립한다.

정리 5.13: 순서수 곱셈의 성질

순서수 α, β, γ에 대하여

(가) (결합법칙) $\alpha(\beta\gamma) = (\alpha\beta)\gamma$,

(나) (좌분배법칙) $\alpha(\beta + \gamma) = \alpha\beta + \alpha\gamma$

이다.

증명. 순서수 α, β, γ에 대하여 $\alpha = \operatorname{ord}(X, \leq_1)$, $\beta = \operatorname{ord}(Y, \leq_2)$, $\gamma = \operatorname{ord}(Z, \leq_3)$인 정렬집합 $(X, \leq_1), (Y, \leq_2), (Z, \leq_3)$를 고정하자.

(가) 등식 $f(x, (y, z)) = ((x, y), z)$로 정의된 함수 $f\colon (X \times (Y \times Z)) \to ((X \times Y) \times Z)$는 일대일 대응이다. 이제

$$(X \times (Y \times Z), \leq_l) = (X, \leq_1) \otimes ((Y, \leq_2) \otimes (Z, \leq_3))$$

그리고

$$((X \times Y) \times Z, \leq_r) = ((X, \leq_1) \otimes (Y, \leq_2)) \otimes (Z, \leq_3)$$

로 놓자. 원소 $x_1, x_2 \in X$, $y_1, y_2 \in Y$, $z_1, z_2 \in Z$에 대하여

$$\begin{aligned}
(x_1,(y_1,z_1)) \le_r (x_2,(y_2,z_2)) & \\
\leftrightarrow\ & (y_1,z_1) < (y_2,z_2) \vee ((y_1,z_1) = (y_2,z_2) \wedge x_1 \le_1 x_2) \\
\leftrightarrow\ & (z_1 <_3 z_2 \vee (z_1 = z_2 \wedge y_1 < y_2)) \\
& \quad \vee (y_1 = y_2 \wedge z_1 = z_2 \wedge x_1 \le_1 x_2) \\
\leftrightarrow\ & z_1 <_3 z_2 \vee (z_1 = z_2 \wedge (y_1 <_2 y_2 \vee (y_1 = y_2 \wedge x_1 \le_1 x_2)) \\
\leftrightarrow\ & z_1 <_3 z_2 \vee (z_1 = z_2 \wedge (x_1,y_1) \le (x_2,y_2)) \\
\leftrightarrow\ & ((x_1,y_1),z_1) \le_l ((x_2,y_2),z_2)
\end{aligned}$$

이므로 함수 $f: (X \times (Y \times Z)) \to ((X \times Y) \times Z)$는 순서동형함수이다. 따라서

$$(X,\le_1) \otimes ((Y,\le_2) \otimes (Z,\le_3)) \approxeq ((X,\le_1) \otimes (Y,\le_2)) \otimes (Z,\le_3)$$

이다.

(나) $Y \cap Z = \emptyset$이라고 가정하자. 항등함수 $\mathrm{id}: X \times (Y \cup Z) \to (X \times Y) \cup (X \times Z)$는 일대일 대응이다. 이제

$$(X \times (Y \cup Z), \le_m) = (X,\le_1) \otimes ((Y,\le_2) \oplus (Z,\le_3))$$

그리고

$$((X \times Y) \cup (X \times Z), \le_s) = ((X,\le_1) \otimes (Y,\le_2)) \oplus ((X,\le_1) \otimes (Z,\le_3))$$

로 놓자. 원소 $x_1, x_2 \in X$, $w_1, w_2 \in Y \cup Z$에 대하여

$$\begin{aligned}
(x_1,w_1) \le_m (x_2,w_2) & \\
\leftrightarrow\ & w_1 < w_2 \vee (w_1 = w_2 \wedge x_1 \le_1 x_2) \\
\leftrightarrow\ & (w_1 <_2 w_2) \vee (w_1 \in Y \wedge w_2 \in Z) \vee (w_1 <_3 w_2) \\
& \quad \vee (w_1 = w_2 \wedge x_1 \le_1 x_2) \\
\leftrightarrow\ & ((w_1 <_2 w_2) \vee (w_1 = w_2 \in Y \wedge x_1 \le_1 x_2)) \\
& \quad \vee ((x_1,w_1) \in X \times Y \wedge (x_2,w_2) \in X \times Z) \\
& \quad \vee ((w_1 <_3 w_2) \vee (w_1 = w_2 \in Z \wedge x_1 \le_1 x_2)) \\
\leftrightarrow\ & (x_1,w_1) \le_s (x_2,w_2)
\end{aligned}$$

이므로 항등함수 $\mathrm{id}: X \times (Y \cup Z) \to (X \times Y) \cup (X \times Z)$는 순서동형함수이다.

따라서

$$(X, \leq_1) \otimes ((Y, \leq_2) \oplus (Z, \leq_3)) \approxeq ((X, \leq_1) \otimes (Y, \leq_2)) \oplus (X, \leq_1) \otimes (Z, \leq_3))$$

이다. □

순서수 $(1, \leq)$과 ω에 대하여

$$((1, \leq) + (1, \leq))\omega = (2, \leq)\omega = \omega \neq \omega + \omega = (1, \leq)\omega + (1, \leq)\omega$$

이므로, 순서수 곱셈에 대한 우분배법칙은 성립하지 않음을 알 수 있다.

연습문제 5.3

1. 정렬집합 $(X_1, \leq_1)$와 $(X_2, \leq_2)$에 대하여, $f\colon X_1 \to X_2$가 순서동형함수이면 역함수 $f^{-1}\colon X_2 \to X_1$도 순서동형함수인 것을 증명하라.

2. 정렬집합 $(X_1, \leq_1), (X_2, \leq_2), (X_3, \leq_3)$에 대하여, $f\colon X_1 \to X_2$와 $g\colon X_2 \to X_3$가 순서동형함수이면 합성함수 $g \circ f\colon X_1 \to X_3$도 순서동형함수인 것을 증명하라.

3. 정렬집합 $(X_1, \leq_1), (X_2, \leq_2), (X_3, \leq_3), (X_4, \leq_4)$에 대하여,

$$(X_1, \leq_1) \approxeq (X_3, \leq_3) \quad \text{그리고} \quad (X_2, \leq_2) \approxeq (X_4, \leq_4)$$

이면 $(X_1, \leq_1) \oplus (X_2, \leq_2) \approxeq (X_3, \leq_3) \oplus (X_4, \leq_4)$인 것을 증명하라.

4. 정렬집합 $(X_1, \leq_1), (X_2, \leq_2), (X_3, \leq_3), (X_4, \leq_4)$에 대하여,

$$(X_1, \leq_1) \approxeq (X_3, \leq_3) \quad \text{그리고} \quad (X_2, \leq_2) \approxeq (X_4, \leq_4)$$

이면 $(X_1, \leq_1) \otimes (X_2, \leq_2) \approxeq (X_3, \leq_3) \otimes (X_4, \leq_4)$인 것을 증명하라.

5. 순서수 α에 대하여, $\alpha + (0, \leq) = \alpha$ 그리고 $(0, \leq) + \alpha = \alpha$인 것을 증명하라.

6. 순서수 α에 대하여, $\alpha(0, \leq) = (0, \leq)$ 그리고 $(0, \leq)\alpha = (0, \leq)$인 것을 증명하라.

7. 순서수 α에 대하여, $\alpha(1, \leq) = \alpha$ 그리고 $(1, \leq)\alpha = \alpha$인 것을 증명하라.

8. 순서수 α, β에 대하여, $\alpha\beta = (0, \leq)$은 $\alpha = (0, \leq)$ 또는 $\beta = (0, \leq)$이기 위한 필요충분조건인 것을 증명하라.

9. 순서수 α, β에 대하여, $\alpha + \beta = \omega$ 그리고 $\beta \neq (0, \leq)$이면 α는 유한순서수이고 $\beta = \omega$인 것을 증명하라.

10. 무한순서수 α에 대하여, $(2, \leq) + \alpha = \alpha$인 것을 증명하라.

참고문헌

[1] Tim Button, *Set Theory, An Open Introduction*, The Open Logic Project (https://st.openlogicproject.org), 2021.

[2] Herbert B. Enderton, *Elements of Set Theory*, Academic, 2010.

[3] Karel Hrbacek and Thomas Jech, *Introduction to Set Theory*, Marcel Dekker, 2001.

[4] You-Feng Lin and Shwu-Yeng T. Lin, 집합론 (개정증보판, 이홍천 옮김), 경문사, 2011.

[5] Charles C. Pinter, *Set Theory*, Addison-Wesley Publishing Company, Inc, 1971.

찾아보기

집합론
SET THEORY

지은이 이선홍
펴낸이 조경희
펴낸곳 경문사
펴낸날 2025년 11월 28일 2판 1쇄
등 록 1979년 11월 9일 제1979-000023호
주 소 04057, 서울특별시 마포구 와우산로 174
전 화 (02)332-2004 팩스 (02)336-5193
이메일 kyungmoon@kyungmoon.com

값 19,000원

ISBN 979-11-6073-807-0